黄河三角洲
常见树木花卉图鉴

主　编　苟祥臣

副主编　刘德玺

编　委　（按姓氏笔画排序）

王振猛　刘彦林　刘桂民　任晓旭

刘德玺　杨玉武　张庆国　李学宏

何洪兵　郑秀社　苟祥臣　周　健

赵大勇　赵祥文

中国海洋大学出版社

·青岛·

图书在版编目（CIP）数据

黄河三角洲常见树木花卉图鉴/苟祥臣主编
一青岛：中国海洋大学出版社，2014.12
ISBN 978-7-5670-0820-5

Ⅰ.①黄…　Ⅱ.①苟…　Ⅲ.①黄河－三角洲
－园林树木－图集②黄河－三角洲－花卉－图集　Ⅳ.
①S68-64

中国版本图书馆 CIP 数据核字（2015）第 002697 号

出版发行	中国海洋大学出版社		
社　　址	青岛市香港东路 23 号	邮政编码	266071
出 版 人	杨立敏		
网　　址	http://www.ouc-press.com		
电子信箱	xianlimeng@gmail.com		
订购电话	0532-82032573（传真）		
责任编辑	孟显丽	电　　话	0532-85901092
印　　制	青岛名扬数码印刷有限责任公司		
版　　次	2015 年 1 月第 1 版		
印　　次	2015 年 1 月第 1 次印刷		
成品尺寸	185 mm × 260 mm		
印　　张	22.625		
字　　数	52 千		
定　　价	160.00 元		

序

  黄河三角洲是黄河携带大量泥沙在渤海凹陷处沉积形成的冲积平原,中华民族的母亲河——黄河,自西南至东北横贯该地并入海。黄河三角洲地域辽阔,地理位置特殊,自然资源丰富,油气、土地、水生生物、鸟类等自然资源尤为突出。

  该地区大部分地势平坦,海拔较低,东、北濒临渤海,地下水位较高,土壤盐渍化程度较重。特殊的地理环境造就了特殊的植物种类,原生植物种类较少,原生乔木种类尤为缺乏,给城乡绿化建设造成了一定的困难,更加凸显了植物在该地环境建设中的极端重要性。多年来,人们一直致力于当地环境改造和土壤改良,陆续引进了大量树木花卉,形成了独特的植物景观,为当地城乡建设和生态改善做出了积极贡献。

  植物是林业、园林事业最基本的物质基础,是园林中最重要的景观要素。认识植物、熟悉植物是科学利用植物的基本前提。

  植物具有明显的地域性,只有充分了解和正确利用好当地的植物资源,才能创造出符合植物本身生长特性、生机盎然、独具特色的城乡景观。

  认识和研究植物的途径有若干,而书籍是最便捷、最易于被人接受的方式之一,植物图鉴的效果更好。

  编著一个地区树木花卉书籍的过程是一个科学研究的过程,需要进行认真、细致、全方位的调查、汇总、整理,只有这样方可保证高质量、科学实用,具有真正意义。

  本书既是著作,更是历史档案,它记录了黄河三角洲特定时期的树木花卉状况,不仅为当代人学习、工作提供便利,更为后人留下了宝贵的历史资料。

本书的谋篇布局科学严谨,层次结构脉络清晰,前后内容贯通一致,语言文字通俗易懂,编排形式图文并茂,充分体现了作者深厚的文化根基和扎实的专业知识。

　　本书的面世是当地林业、园林事业成就的重要标志和里程碑,具有承前启后的伟大意义,不仅功在当代,而且利在千秋,故为序。

山东农业大学教授　赵兰勇

2014 年 9 月于泰安

前　言

　　森林是地球陆地生态系统的主体,树木是森林构成的主体,树木花卉在地球生物圈中具有基础性地位和极其重要的作用。它们制造氧气、净化空气,涵养水源、防止水土流失,为动物提供栖息地和食物。正因如此,我们赖以生存的地球才这般生机勃勃、绚丽多彩。

　　树木花卉是人类的朋友,与我们的生活密切相关。经人们精心栽培、细心呵护,它们回馈给我们的是清新的空气、丰富的食物(包括药材)、上好的木材和优美的环境。

　　随着经济社会的发展,人们对环境质量要求越来越高,对绿化美化越来越重视。但很多人对树木花卉的相关知识知之不多,因此,在识别、栽培、保育方面遇到很多问题。为了配合黄河三角洲生态文明建设,让更多的人能够科学认知和友好地对待树木花卉,帮助林业、园林工作者提高技术水平,开阔选用、引进树木花卉的视野,作者历经3年多编撰了本书。作者对黄河三角洲地区(以下简称"黄三角")现有栽培的350种(包括变种、品种)树木花卉,按不同季相、不同器官和观赏部位进行系统拍照,用照片来展示其形态特征,并附文字解注,对其名称、别名、科、属、形态特征、生态习性、分布区域、繁殖方式、主要用途等作简要说明,图文并茂,力求直观、简练、全面、准确。

　　书中编入的1250幅照片为作者在"黄三角"实地拍摄。每一幅照片力求既突出植物特征,又清晰悦目;对同一植物,有的按不同季节,在同一个方位进行拍照,以展示其形态变化,增强视觉效果。在对树木花卉拍照的同时,对其生长环境(包括土壤、地势、光照、植被等)以及生长状况作了详细记载,有些特点在编撰的文字中体现出来,使文字说明更准确,更反映地域特色。

本书编写过程中,山东省林科院副院长刘德玺,从策划、谋篇到编撰、审核做了大量工作,对本书出版起了关键作用;东营市摄影家协会名誉主席王洪胜、东营市摄影家协会会员韩俊三,在照片的拍摄、整理方面,给予了精心指导,付出了辛勤劳动;胜利油田胜大园林公司董事长康俊水和山东农业大学教授赵兰勇给予了很多指导、帮助,在此深表感谢。

限于作者水平,书中定有疏漏、谬误之处,敬请读者批评指正。

作者

2014 年 10 月 10 日

目　录

植物学基础知识

一、植物的分类

（一）植物分类的方法

目前世界上有 50 余万种植物，只有对植物进行科学的分类，才便于对其进行科学的识别、研究及利用。

1753 年，瑞典植物学家、植物分类学之父林奈（C. Linnaeus，1707—1778）将整个生物群划分为植物界（Plantae）和动物界（Animalia）两界，创立双名法（binominal nomenclature）并提出了人为植物分类系统。

19 世纪英国生物学家达尔文（C. R. Darwin，1809—1882）在 1859 年出版的《物种起源》中提出了进化论观点，进一步推动了植物科学的发展。将植物分类的方法分为人为分类法和自然分类法两种。

人为分类法是按照人们的目的，以植物的一个或几个特征或使用意义作为分类依据的分类方法。

自然分类法是以植物进化过程中亲缘关系的远近作为分类依据的分类方法。

（二）自然分类法的植物分类单位

种是自然分类法植物分类的基本单位（也是各种分类法分类单位的起点）。所谓种，是指起源于共同的祖先，具有相似的特征，且能进行自然交配，产生正常后代（少数例外），并有一定自然分布区的生物类群。种内个体由于受环境影响而产生显著差异时，可视差异大小分为亚种、变种等。其中，变种是最常用的。

集合亲缘和进化相近的"种"为"属"；再集合亲缘和进化相近的"属"为"科"，等等；植物分类由高至低依次为界、门、纲、目、科、属、种，构成分类学的分类单位。在各级分类单位中，根据需要可再分成亚级。现以绒毛白蜡为例说明分类上所用单位：

界:植物界(Vegetable)

　门:被子植物门(Angiospermae)

　　纲:双子叶植物纲(Dicotyledoneae)

　　　亚纲:菊亚纲(Asteridae)

　　　　目:玄参目(Scrophulariales)

　　　　　科:木樨科(Oleaceae)

　　　　　　亚科:木犀亚科(Oleoideae)

　　　　　　　属:白蜡属(Fraxinus)

　　　　　　　　亚属:欧洲白蜡亚属(Sect. fraxinaster)

　　　　　　　　　种:绒毛白蜡(*Fraxinus velutina* Torr.)

(三)植物的命名

同一植物因国度、地区不同,其名称亦有不同,因而容易出现"同物异名"或"同名异物"的现象,对植物的研究和利用非常不便。为了使植物的名称得到统一,国际上采用了1753年瑞典植物学家林奈(C. Linnaeus)所提倡的"双名法"给植物命名,即以拉丁文命名植物,称作植物的学名,是世界范围内通用的唯一正式名称。

"双名法"是以两个词来给植物命名,第一个词是属名,第二个词是种名,但一个完整的学名还要在种名后面附以命名人的姓名缩写。学名中属名的第一个字母要用大写。例如,核桃的学名是 *Juglans regia* L.,其中 *Juglans* 是属名, *regia* 是种名,L. 是命名人林奈的缩写。

二、植物的器官

(一)植物的根

根是植物的重要营养器官,它的主要功能是吸收土壤中的水分以及溶于水中的无机盐类。根还能使植物体固定于土壤中,使整个植株维持重力平衡。有些植物的根还具有繁殖功能。

根的组成分为主根、侧根和不定根。

一株植物地下部分所有根的总体,称为根系。当根系有明显而发达的主根,主根上再生出侧根,这种根系称为直根系(图1)。主根生长缓慢或停止,主要由不定侧根组成的根系,称为须根系(图1)。根据

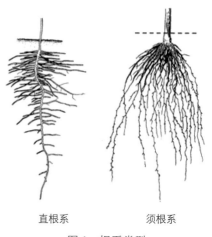

直根系　　　　须根系

图 1　根系类型

根系在土壤中分布的状况,可分为深根系和浅根系。深根系树种主根发达,深可达 5 m 以上,胡杨主根甚至达 30 m;浅根系树种的侧根发达,根系一般分布在 20 ～ 50 cm 土层中。

树种的根系特征是选择造林树种的主要依据之一。一般说来,地下埋水浅且矿化度高的区域,宜选择浅根系树种;好土层深厚和干旱的区域,宜选择深根系树种。营造防风林,宜选择深根系树种;营造水土保持林,宜选择浅根系树种。具体选择什么树种造林,需结合造林目的对树种的生物学特性以及造林地诸多环境因子进行综合分析而定。

(二)植物的茎

茎是植物地上部分的枝干,有些植物具地下茎,如荷花、竹类等,它的主要功能是将根所吸收的水分和无机盐类以及根合成或贮藏的营养物质输送到地上部分;同时又将叶所制造的有机物质运输到根、花、果、种子等部分去利用或贮藏。其次,茎对整个植株起到支撑作用。茎也有贮藏和繁殖的功能。有些植物可以形成鳞茎、块茎、球茎、根状茎等变态茎,贮存大量养料,并可以进行自然营养繁殖。人们利用某些植物的茎、枝容易产生不定根和不定芽的特性,采用枝条扦插、压条、嫁接等方式来繁殖植物。此外,绿色幼茎还能进行光合作用。

(三)植物的叶

叶是植物的营养器官之一,它的主要功能是进行光合作用、蒸腾作用和气体交换。叶可分为完全叶和不完全叶。具有叶片、叶柄和托叶 3 部分的称为完全叶,如苹果、月季及大豆等;3 部分缺一或二者称为不完全叶,如泡桐、白蜡、丁香等。叶片的基本结构由表皮、叶肉、叶脉 3 部分组成。

1. 叶序

叶在茎或枝条或叶轴上排列的形式称叶序。叶序的类型(图 2)主要有:

(1)对生　2 叶在枝(茎、叶轴)上相对着生,如刺槐、丁香、女贞、连翘等。

(2)交互对生　上一节的一对叶向前后展开,下一节的一对叶向左右展开,上下 4 片叶呈十字交叉,如大叶黄杨等。

(3)轮生　3 片或 3 片以上的叶有规则地排列于同一个节上,如夹竹桃、杜松等。

(4)互生　在枝(茎、叶轴)的每个节上交互着生一片叶,如桃树、柳树、杨树等。

(5)簇生　2 片或 2 片以上的叶着生于节间极度缩短的短枝顶端,如雪松、银杏等。

(6)基生　植物的茎极度缩短而极不明显,其叶恰如从根部生出,如蒲公英、萱草等。

对生　　交互对生　　轮生　　互生　　簇生　基生

图 2　叶序

绝大多数植物具有1种叶序,但也有些植物在同一植株上生长2种或2种以上的叶序。

2. 脉序(图3)

叶部的输导组织在叶片形成的网络称为叶脉。其中央较粗的称为主脉,主脉的分枝称为侧脉,侧脉的分枝称为细脉,而脉序是指叶脉在叶片中的排列形式。脉序主要有以下几种:

(1)**网状脉**　叶脉数回分枝并由细脉连接成网状。

(2)**羽状脉**　从主脉生出的侧脉呈羽状排列,如女贞、桃、榆树等。

(3)**掌状脉**　几条等粗的主脉由叶柄顶端发出的脉序。3条的称3出脉,如枣树;5条的称5出脉,如五角枫。

(4)**平行脉**　叶脉常常不分枝而平行伸展,如龙血树、马蔺等。

(5)**弧形脉**　叶脉自叶基部呈弧形通向叶片的顶端,如玉簪。

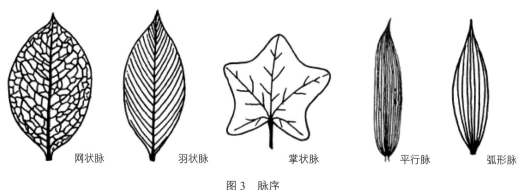

网状脉　　　　　羽状脉　　　　　掌状脉　　　　　平行脉　　　　弧形脉

图3　脉序

3. 叶形

叶形即叶片的形状,常见的叶形有(图4):

(1)**条形(线形)**　长而狭,长为宽的5倍多,两侧边缘近于平行,如苏铁、水杉、罗汉松等。

(2)**针形**　细长而先端尖锐,如雪松、油松等。

(3)**鳞形**　叶片甚小,鳞片状,如侧柏、柽柳等。

(4)**披针形**　狭长而先端渐长尖,长为宽的4～5倍,中部或中部以下最宽,向上下两端渐狭,如桃树、柳树等。

(5)**卵圆形**　形如鸡蛋的投影,中部以下较宽,先端窄而圆,如国槐、女贞等。

(6)**圆形**　形如圆盘,如黄栌。

(7)**椭圆形**　长为宽的1.5～2倍,中部最宽,先端、基部近圆形,如刺槐、山茶等。

(8)**矩圆形**　长为宽的1.5～2倍,上、中、下宽度近等,如橡皮树、紫穗槐等。

(9)**扇形**　顶端阔圆,向下渐狭,形似折扇,如银杏。

（10）**心形** 先端渐尖，基部内凹，形似心脏，如紫荆、丁香等。

（11）**掌状** 叶缘裂片开张似掌，如五角枫。

| 条形 | 针形 | 鳞形 | 披针形 | 卵圆形 | 圆形 |

| 椭圆形 | 矩圆形 | 扇形 | 心形 | 掌形 |

图 4　常见的叶形

4. 叶缘

叶片的边缘称为叶缘，常见的叶缘形状（图 5）有：

（1）**全缘** 叶缘平滑，不具锯齿或缺刻，如丁香、女贞、紫荆等。

（2）**锯齿** 边缘具锯齿（有锐齿、钝齿之分），齿端向前，如榆叶梅、樱桃等。

（3）**波状** 边缘起伏呈波浪状，如蒙古栎。

（4）**浅裂** 裂深不到整个叶片的 1/4。

（5）**深裂** 裂深超过整个叶片的 1/4，但不到 1/2。

（6）**全裂** 裂深超过整个叶片的 1/2 或达叶的基部。

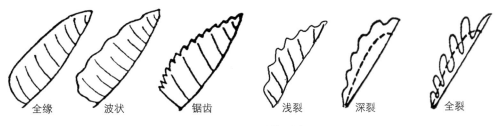

| 全缘 | 波状 | 锯齿 | 浅裂 | 深裂 | 全裂 |

图 5　常见的叶缘形态

5. 叶尖

其形状差异较大,一般分为以下几种类型(图6):

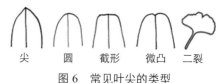

尖　圆　截形　微凸　二裂

图6　常见叶尖的类型

(1)尖　先端尖呈锐角。尖又可分为锐尖、渐尖、突尖、尾尖等。

(2)圆　先端宽近似半圆形,如海桐、小檗等。

(3)截形　先端近似横切略平直,如鹅掌楸。

(4)微凹　先端近似圆形,中央有小而浅的凹缺,如小叶黄杨。

(5)二裂　先端二裂,如银杏。

6. 叶的种类

单叶——叶柄顶端有一叶片与叶脉连接,相接处无关节,如杨树、女贞等。

复叶——有2片至多片分离的叶片生在一个总叶柄(或叶轴)上。其叶片称为小叶。复叶有以下几种(图7):

(1)羽状复叶　小叶排列在叶轴的两侧,呈羽状。

小叶总数为偶数的,称偶数羽状复叶;小叶总数为奇数的,称奇数羽状复叶。叶轴不再分枝的,称一回羽状复叶;仅分枝一次的,称二回羽状复叶;分枝两次的,称三回羽状复叶。

(2)掌状复叶　几个叶片集生在共同的叶柄顶端,排列成掌状。

(3)单身复叶　在总叶轴顶端只着1枚小叶,小叶与叶轴连接处有关节。

羽状复叶　　　　　掌状复叶　　　　　单身复叶

图7　常见的复叶种类

(四)植物的花

花是被子植物的重要繁殖器官。花由花萼、花冠、雄蕊、雌蕊四部分组成。花萼与花冠总称花被。一花具备上述四部分的,称完全花;缺一至三部分的,称不完全花。

1. 花萼

花萼位于花的最外部,花结构的第一轮。

2. 花冠

花冠位于花萼的内面,构成花冠的成员称为花瓣。依花冠形状,可分为以下几种(图8):

(1)筒状　花冠大部分合成管状或圆筒状,如紫丁香。

（2）**漏斗状**　花冠下部筒状，上部渐扩大呈漏斗状，如凌霄花。

（3）**钟状**　花冠筒短而粗，上部扩大，呈钟形，如金钟花。

（4）**高脚碟状**　花冠下部狭筒形，上部突然呈水平扩展，如迎春花。

（5）**十字形**　花瓣排成辐射对称的十字形。十字形花冠是十字花科的主要特征。

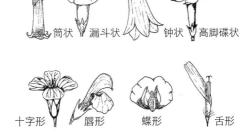

图8　花冠类型

（6）**唇形**　花冠呈对称的二唇形，上面2裂片合生为上唇，下面3裂片结合成下唇，如梓树、泡桐等。

（7）**蝶形**　由5个分离花瓣构成左右对称的花冠。最上一瓣较大，称旗瓣；两侧瓣较小，称翼瓣；最下2瓣联合成龙骨状，称龙骨瓣，如国槐、刺槐等。

（8）**舌状**　花冠基部成一短筒，上面向一边张开而呈扁平舌状，如菊科植物头状花序的缘花。

3.花序

一朵花单生于叶腋或枝顶称单花。多朵花有规律地排列在总轴上称花序。常见的花序有以下几种（图9）：

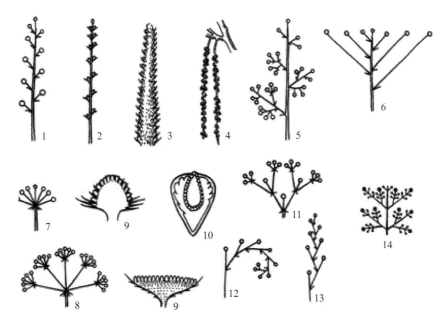

1.总状花序；2.穗状花序；3.肉穗花序；4.葇荑花序；5.圆锥花序；

6.伞房花序；7.伞形花序；8.复伞形花序；9.头状花序；10.隐头花序；

11.二歧聚伞花序；12、13.单歧聚伞花序；14.多歧聚伞花序

图9　花序类型

（1）穗状花序　多数无梗或极短梗的花排列于不分枝的花轴上,如竹类、板栗等。

（2）葇荑花序　仅单性花所有的穗状花序,花轴柔软下垂,如杨、柳等。

（3）头状花序　花无柄或近无柄,多花密生于一短而宽或隆起的花托上,形成一头状体,如悬铃木。

（4）隐头花序　花聚生于凹陷、中空、肉质的总花托内,如无花果。

（5）圆锥花序　花序轴上生有多个总状或穗状花序,外形呈圆锥状,如槐树、珍珠梅等。

（6）伞形花序　花梗近等长,均生于花轴的顶端,形如张开的伞,如五加。

（7）总状花序　多数有梗的花着生于花轴上,如刺槐。

（8）伞房花序　花轴下方的花梗较上方的长,使整个花序呈平顶状,如苹果、梨等。

（五）植物的果

常见的种类有（图10）:

（1）荚果　由单心皮发育而成,成熟时沿腹缝线与背缝线开裂,也有少数不开裂,如刺槐、槐树等。

（2）坚果　果皮坚硬,仅具一粒种子,常由总苞包围,如板栗。

（3）核果　外皮薄,中果皮肉质,内果皮坚硬（称为果核）,如桃、杏、梅等。

（4）浆果　由合生心皮的子房形成,含多粒种子,内果皮多肉、多汁,如葡萄、柿树等。

（5）梨果　由合生心皮的下位子房与花托形成的肉质假果,内有数室,含数粒种子,如梨、苹果等。

（6）翅果　带翅的果实,如榆树、槭树等。

（7）柑果　由合生心皮上位子房形成,外果皮软而厚,中果皮与内果皮多汁,如柑橘、金桔等。

（8）隐花果　多肉部分为凹入之花轴所成,如无花果。

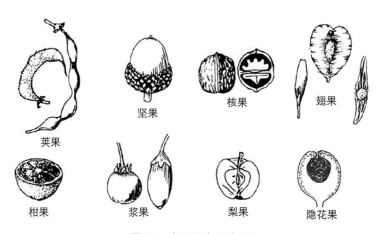

图 10　常见果实的类型

三、名词解释

（一）**高等植物** 有胚的植物为高等植物。它们的植物体为多细胞个体,绝大多数都具有根、茎、叶的分化。高等植物包括苔藓植物、蕨类植物和种子植物。

（二）**低等植物** 植物体为单细胞群体或多细胞个体。一般结构简单,没有根、茎、叶的分化,也不形成胚的一类植物。低等植物包括菌类和藻类植物。

（三）**落叶植物** 每年秋冬季节叶全部脱落的多年生木本植物。一般指温带的落叶乔木或灌木,如水杉、梧桐、丁香、桃、李等。

（四）**常绿植物** 终年具有绿叶的乔木和灌木。常绿植物叶的寿命是两、三年或更长,每年都有新叶长出,也有一部分叶脱落,但茎上总保持有绿叶。

（五）**乔木** 具有明显的单一主干,上部有分枝的树木。树高 3 ～ 10 m 的称小乔木;10 ～ 20 m 的称中乔木;20 m 以上的称大乔木。

（六）**灌木** 不具主干,由近基部发出两个以上的树干,主次不分。

（七）**藤本** 茎细长而不能自立,必须依附他物或以特殊器官向上攀升的木本植物,如紫藤、葡萄等。

（八）**草本** 茎内木质部不发达,植株矮小,大多为一年生或二年生植物。也有多年生草本植物,但每年地上部分一般死亡。

（九）**花卉** 具有观赏价值的草本植物、花灌木、开花乔木以及盆景类植物。

（十）**绿篱** 成行密植并作造型修剪而成的植物墙。

（十一）**树冠** 树木主干以上集聚生长枝叶的部分。

（十二）**胸径** 指乔木主干离地表面 1.3 m 处的直径。树干畸形时,测取最大值和最小值的平均值。

（十三）**地径** 树干距离地面 20 cm 处的直径。

（十四）**郁闭度** 在林分中,树冠垂直投影面积总和占地表面积的比例。

（十五）**森林覆盖率** 指一个国家和地区森林面积占土地总面积的百分比。中国的森林覆盖率,指郁闭度 0.3 以上的乔木林、竹林、国家特别规定的灌木林地、经济林地的面积,以及农田林网和村旁、宅旁、水旁、路旁林木的覆盖面积的总和占土地面积的百分比。

（十六）**森林** 森林是以乔木为主体的生物群落,是集中的乔木与其他植物、动物、微生物和土壤之间相互依存相互制约,并与环境相互影响,从而形成的一个生态系统的总体。

（十七）**光合作用** 绿色植物利用光能,通过叶绿体,把二氧化碳和水转化成贮存着能量的有机物(主要是淀粉),并且释放氧气的过程。

（十八）**地被植物** 株丛密集、株形低矮、枝叶茂盛,能严密覆盖地面,可保持水土、防止扬尘、改善气候并具有一定观赏性的植物种类。

（十九）**植物组织培养** 又叫离体培养,指从植物体分离出符合需要的器官、细胞、原生质体等,通过无菌操作,在人工控制条件下进行培养以获得再生的完整植株或生产具有经济价值的其他产品的技术。

（二十）**气生根**　指由植物茎上发生的、生长在地面以上的、暴露在空气中的不定根,一般无根冠和根毛的结构,能起到吸收气体和支撑植物体向上生长的作用。

（二十一）**营养繁殖**　亦称无性繁殖。是利用植物的营养器官（根、茎、叶、芽等）的一部分培育出新的个体的过程。主要包括分株、分根、压条、扦插、嫁接、组培等。

（二十二）**分蘖**　禾本科植物地下或地面附近的分枝。

（二十三）**根蘖**　从根上长出不定芽伸出地面而形成小植株。

（二十四）**水生植物**　植物体的一部分或全部浸没在水中,能适应水中环境的植物,如莲、苦草、水毛茛、慈姑等。

（二十五）**皮孔**　周皮上的通气结构。当根与茎次生生长产生周皮时,气孔内方的木栓形成层向外不产生木栓,而形成大量的排列疏松的补充组织。由于这部分形成的细胞数目多,因而使周皮上呈裂缝状的小孔。

（二十六）**顶端优势**　植物枝条上的顶芽有抑制腋芽生长的作用,因此许多植物只有茎的顶芽及其附近少数的腋芽生长,而大多数腋芽处于休眠状态。这种现象叫做顶端优势。

（二十七）**品种**　具有一定经济价值、遗传性比较一致的一种栽培植物的群体。品种经人类选择、培育而得,能适应一定的自然、栽培条件,在产量和品质上比较符合人类的要求。

（二十八）**碳水化合物**　亦称"糖类",旧称为"醣",为生物的主要能源,如淀粉、葡萄糖等,也是植物细胞壁的主要成分（纤维素）。碳水化合物可分为单糖（如葡萄糖、果糖）、双糖（如蔗糖、麦芽糖）和多糖（如淀粉、纤维素）。

（二十九）**园林**　在一定的地域运用工程技术和艺术手段,通过改造地形（或进一步筑山、叠石、理水）、种植树木花草、营造建筑和布置园路等途径创作而成的美的自然环境和游憩境域。

（三十）**五大林种**　《森林法》将森林分为五类:防护林、用材林、经济林、薪炭林、特种用途林。

防护林　以防护为主要目的的森林、林木和灌木丛,包括水源涵养林,水土保持林,防风固沙林,农田、牧场防护林,护岸林,护路林。

用材林　以生产木材为主要目的的森林和林木,包括以生产竹材为主要目的的竹林。

经济林　以生产果品,食用油料、饮料、调料,工业原料和药材等为主要目的的林木。

薪炭林　以生产燃料为主要目的的林木。

特种用途林　以国防、环境保护、科学实验等为主要目的的森林和林木,包括国防林、实验林、母树林、环境保护林、风景林,名胜古迹和革命纪念地的林木,自然保护区的森林。

银 杏　　*Ginkgo biloba* L.　　银杏科　银杏属

别　　名： 白果树，公孙树。

形态特征： 落叶大乔木，高可达40 m。树冠广卵形。树皮灰褐色，深纵裂。叶扇形，有细长叶柄，淡绿色，互生于长枝或簇生于短枝上，入秋变为黄绿色至黄色。雌雄异株，雄花花序葇荑状，雌花花序束状。果椭圆状球形或近球形，

秋叶　果实　雌花花序　雄花花序

具长柄，成熟时淡黄色或橘黄色。种子核果状，椭圆状球形。花期4～5月。果熟期10月。

生态习性： 阳性树。耐寒，耐旱，不耐阴，不耐盐碱，忌涝。对二氧化硫、氯气等有毒气体有一定抗性。银杏树是第四纪冰川运动后遗留下来的最古老的裸子植物。寿命长，可达千年以上，被称为"活化石"。日照市浮来山定林寺一银杏树，相传为商代种植，树龄达3500余年。该树种为我国特有树种，在全国各地均有栽培，世界多国有引种。

繁殖方式： 以种子繁殖为主，亦可分株、嫁接繁殖。

主要用途： 园林、庭院、道路绿化、经济林、农田防护林、用材林营造。

秋季银杏林

南洋杉

Araucaria cunninghamii Sweet

南洋杉科 南洋杉属

别　　名：鳞叶南洋杉，尖叶南洋杉。

形态特征：常绿大乔木，高可达60 m。树冠塔形，大枝轮生而平展，小枝密而下垂。叶锥形、镰形或三角状卵圆形，长7～17 mm。雌雄异株，球果卵形。

生态习性：喜温暖湿润气候，不耐干旱，不耐寒，越冬温度为10℃以上。原产巴布亚新几内亚及澳大利亚东北地区。

繁殖方式：以种子繁殖为主，亦可嫁接、扦插繁殖。

主要用途：在"黄三角"为盆栽观赏及保护地栽培。

雪 松

Cedrus deodara
(Roxb.) G. Don

松科 雪松属

球果

别　　名：香柏，喜马拉雅杉。

形态特征：常绿乔木，高可达 50 m。树冠圆锥形，枝下高低矮。树皮灰褐色，鳞片状开裂。大枝不规则轮生，平展；小枝微下垂。叶针形，质硬，在短枝上簇生，在长枝上散生。雌雄多异株，稀同株。花期 10 ～ 11 月。球果直立，椭圆状球形至卵形，长 7 ～ 12 cm，直径 5 ～ 9 cm，翌年 9 ～ 10 月成熟。

生态习性：阳性，幼树稍耐阴。较耐干旱瘠薄，在微酸、微碱性土壤中均可生长，忌涝。嫩叶对二氧化硫气体较敏感，常因此导致枯萎。原产于喜马拉雅山地区，在我国自辽东半岛至长江流域均可栽植。

繁殖方式：播种、扦插及嫁接繁殖。

主要用途：世界著名的观赏树种，广泛用于园林、四旁绿化。

长枝之叶

短枝之叶

黑 松 *Pinus thunbergii* Parl. 松科 松亚科 松属

别　　名：白芽松，日本黑松。

形态特征：常绿乔木，高可达 30 m。树冠幼时呈狭圆锥形，老时呈扁平伞形。树皮灰黑色。侧枝轮生，每年一轮。冬芽银白色，春芽硕壮。针叶，2 针 1 束，粗硬。花期 4 ～ 5 月。球果卵形，翌年 10 月成熟。

生态习性：强阳性树，幼苗耐阴。耐干旱瘠薄及微碱性土壤，耐寒。忌涝。抗海风能力强。原产日本及朝鲜半岛南部地区，在我国各地栽培较多。

繁殖方式：种子繁殖。

主要用途：园林绿化，海防林及山地造林。

球果

冬芽、叶形

雌球花

雄花花序

油 松

Pinus tabulaeformis Carr.

松科 松亚科 松属

别　　名：东北黑松，红皮松。

形态特征：常绿乔木，高可达 20 m。幼树塔形，老树伞形，平顶，树皮暗褐色，呈鳞片状开裂，裂缝及上部树皮红褐色。冬芽红褐色。针叶，2 针 1 束，较长，达 10～15 cm，常扭曲，粗硬，但手抓无刺痛感。花期 4～5 月。球果卵形，翌年 10 月成熟，常在树上宿存多年。

生态习性：阳性树。耐干旱瘠薄，耐寒，抗风，忌涝，忌盐碱土。原产于我国，在我国北自辽宁、内蒙古，南至黄河流域均有大面积分布，且生长良好。

繁殖方式：种子繁殖。

主要用途：园林绿化，山地造林。

球果

冬芽、叶形

雌球花

雄花花序

华山松 *Pinus armandii* Franch. 松科 松亚科 松属

别　名：白松，五叶松。

形态特征：常绿乔木，高可达 35 m。枝条平展，树冠呈广圆锥形。树皮幼树灰绿色，大树呈方块状开裂。针叶，5 针 1 束，长 8～15 cm，质柔，边缘具细齿。球果呈长卵形，翌年 9～10 月成熟。花期 4～5 月。

生态习性：阳性树，幼树稍耐阴。喜温和、凉爽、湿润气候，耐寒。适排水良好的中偏酸性土壤。对二氧化硫气体抗性较强。原产我国以山西、陕西为中心的西部高海拔地区，在我国自辽东半岛至淮海流域均可正常生长。

繁殖方式：种子繁殖。

主要用途：园林绿化。

球果

白皮松

Pinus bungeana
Zucc. ex Endl.

松科 松亚科 松属

别　　名：虎皮松，蛇皮松。

形态特征：常绿乔木，高可达 30 m。树冠球形或卵形。幼树树皮灰绿色，光滑；大树树皮呈鳞片状剥落，露出乳黄色或灰绿色内皮。针叶，3 针 1 束，质硬。花期 4～5 月。球果卵形，翌年 10 月成熟。

生态习性：阳性，稍耐阴。喜干燥、凉爽气候，高温条件下生长不良。稍耐盐碱。忌涝。对二氧化硫及烟尘有较强的抗性。原产于我国西部及中部，现自辽宁至长江流域均有栽培。

繁殖方式：种子繁殖。

主要用途：园林绿化。

球果

树干

雌球花、冬芽

雄花花序、叶形

日本五针松

Pinus parviflora Sieb. et Zucc.

松科 松亚科 松属

叶形

球果

别　　名：五钗松，日本五须松。

形态特征：常绿乔木，高可达 30 m。树冠圆锥形。树皮灰黑色，呈不规则鳞片状剥裂，内皮赤褐色。一年生小枝绿褐色，密生淡黄色柔毛。针叶较短细（长 3.5 ～ 5.5 cm），5 针 1 束，簇生于枝端，蓝绿色。球果卵形或椭圆状球形。种子有翅。

生态习性：阳性，稍耐阴。喜肥沃、深厚及排水良好的土壤。不耐寒，不耐干旱瘠薄。忌涝。原产于日本。在我国长江流域多有栽培，"黄三角"地区多为盆栽，但在温暖小环境条件下也可露地栽培。

繁殖方式：种子、嫁接或扦插繁殖。

主要用途：园林绿化、盆景、造型制作。

青扦

Picea wilsonii Mast.

松科　冷杉亚科　云杉属

枝叶

球果

别　　名：细叶云杉，魏氏云杉，华北云杉。

形态特征：常绿乔木，高可达 50 m。树冠圆锥形。一年生枝淡黄绿色或淡黄灰色。叶四棱状条形，在枝条上排列较密。花期 4 月。球果下垂，卵状圆柱形，10 月成熟。

生态习性：耐阴，耐寒，较耐干旱瘠薄，不耐盐碱。广布于华北、西北及西南等省，多生长在高海拔山区。

繁殖方式：种子繁殖。

主要用途：园林绿化。

侧 柏

Platycladus orientalis (Linn.) Franco

柏科　侧柏属

别　名：柏树，扁柏。

形态特征：常绿乔木，高可达20 m。树皮淡灰褐色，呈纵向开裂。大枝斜生，小枝扁平。叶鳞状，交互对生，两面均为绿色，无背腹面之分。花期3～4月。球果卵形或阔卵形，长1.5～2.5 cm，9～10月成熟。

生态习性：喜光，喜温暖湿润气候；特耐干旱瘠薄，耐盐碱，耐寒冷。忌涝。寿命长，泰安岱庙一侧柏树龄2100余年，现仍正常开花结实。对二氧化硫等有害气体抗性强，且有杀菌作用。我国特产树种，主产于华北及西南地区。适应性特强，几乎全国各地都有栽培。

繁殖方式：种子繁殖。

主要用途：园林、道路、四旁、陵园、山地绿化。

枝叶

球果

金枝千头柏

Platycladus orientalis
cv. 'Aurea Nana'

柏科 侧柏属

别　名：
洒金千头柏。

形态特征：
系侧柏栽培变种。常绿灌木，高1～1.5 m。树冠卵形。鳞叶，嫩叶淡黄绿色，入夏变为绿色，入冬变为褐绿色。

生态习性：
较耐寒，较耐干旱瘠薄。适应性强，全国各地均有栽培，目前以长江流域栽培最为集中。

繁殖方式：
种子繁殖。

主要用途：
园林绿化，绿篱制作。

球果

雌球花

千头柏

Platycladus orientalis cv. 'Siedoldii'

柏科　侧柏属

枝叶

球果

别　　名：子孙柏，凤尾柏，扫帚柏。

形态特征：系侧柏栽培变种。常绿灌木，高 3～5 m。树冠紧密，呈卵形或球形。鳞叶，鲜绿色。球果略长圆，种鳞有锐尖，密被白粉。

生态习性：耐寒，耐干旱瘠薄，稍耐碱。适应性极强，自华北至华南均有栽培，且生长良好。

繁殖方式：种子繁殖。

主要用途：园林绿化，绿篱制作。

金星桧

Sabina chinensis 'Aureoglobosa'

柏科 圆柏属

别　　名：花柏球。

形态特征：常绿灌木或小乔木。树冠近球形或塔形。枝密生。叶有刺叶、鳞叶两型，多为鳞叶，翠绿色，绿叶丛中杂有金黄色枝叶。

枝叶

生态习性：喜温湿气候。耐寒，耐干旱瘠薄，忌涝。耐修剪。适应性强，北京以南均有栽培。

繁殖方式：扦插繁殖。

主要用途：园林、路旁绿化。

砂地柏

Sabina vulgaris Ant.

柏科 圆柏属

别　名：新疆圆柏，叉子圆柏，爬柏，双子柏。

形态特征：常绿匍匐性灌木，高不及 1 m。茎平行或侧斜生长，前端直立，分枝多，小枝密集。叶小，密生，有刺叶、鳞叶两种。刺叶多生于幼树，端部尖锐，触有刺感，多为对生；鳞叶交互对生。球果倒三角状，表面稍有白粉，成熟时呈褐色、蓝紫色或黑色。

生态习性：耐寒，耐干旱瘠薄，稍耐盐碱，不耐涝。产于西北及内蒙古，黄河流域及其以北多有栽培。

繁殖方式：播种、扦插、压条繁殖。

主要用途：园林、地被绿化，护坡、防风固沙林营造。

铺 地 柏

Sabina procumbens
(Endl.) Iwata et Kusaka

柏科　圆柏属

别　　名：爬地柏，矮柏，匍地柏，偃柏。

形态特征：常绿匍匐性灌木，高不及 1 m。枝条贴地面伏生，梢向上斜展。全为刺叶，3 叶交叉轮生，叶上面有 2 条白色气孔线，下面基部有 2 个白色斑点。球果近圆球形，被白粉，成熟时呈黑色。

生态习性：适应性较强，稍耐盐碱。忌涝。原产日本，在我国各地园林中常见栽培。

繁殖方式：播种、扦插繁殖，以扦插为主。

主要用途：园林、地被绿化，护坡、防风固沙林营造。

圆 柏

Sabina chinensis
(Linn.) Ant.

柏科　圆柏属

别　　名：桧柏，刺柏。

形态特征：常绿乔木，高可达 20 m。树冠幼时呈尖塔形，老时则呈广卵形。树皮灰褐色，纵条片开裂。叶含鳞叶、刺叶两型，幼树多刺叶，大树多鳞叶。鳞叶交互对生；刺叶短披针形，叶上面微凹，有两条白粉带，常 3 枚轮生。雌雄异株，稀同株。花期 4 月，球果多两年成熟。

生态习性：喜光，稍耐阴。喜温湿气候，稍耐寒。对土壤条件要求不严，微酸、微碱性土壤均可生长。忌涝。寿命长，生长慢。原产中国，在我国大部分地区均有栽培。

繁殖方式：播种、扦插繁殖。

主要用途：园林、道路、四旁、陵园绿化。

雄花花序

球果、枝叶

蜀 桧

Sabina chinensis
(L.) Ant. cv. Pyramidalis

柏科　圆柏属

别　名：蜀柏，塔枝圆柏。

形态特征：系圆柏栽培变种。常绿乔木，高可达10 m。树皮灰褐色，条裂。枝条排列疏松，分枝自下而上渐短，树体呈圆锥形或长圆锥形。鳞叶，对生，紧贴小枝。球果近圆球形，直径约1 cm。

生态习性：喜温凉气候，耐寒，耐干旱瘠薄，耐轻度盐碱。不耐水湿。原产四川西部，现华北、华东、西北等地广泛栽培，生长良好。

繁殖方式：以播种繁殖为主，亦可扦插繁殖。

主要用途：园林、行道、陵园绿化，绿篱、模块、造型、盆景制作。

球果

枝叶

龙 柏

Sabina chinensis
(L.) Ant. cv. 'Kaizuca'

柏科 圆柏属

别　　名：绕龙柏，螺丝柏。

形态特征：系圆柏变种。常绿乔木，高可达 8 m。树冠呈不规则椭圆状球形或阔圆锥形，开阔，上部渐尖。侧枝顶端扭转上升，形似龙舞，故名"龙柏"。叶鳞形，幼叶黄绿色，老叶翠绿色。球果蓝黑色，果面略具白粉。

生态习性：喜光，耐寒，耐干旱瘠薄，耐水湿，耐盐碱。适应性特强。原产中国长江流域，现全国各地均有栽培。

繁殖方式：扦插或嫁接繁殖。

主要用途：园林、四旁绿化，绿篱、模块、造型、盆景制作。

球果、枝叶

造型

鹿角柏

Sabin chinensis
cv. 'Pfitzeriana'

柏科 圆柏属

别　　名：鹿角桧。

形态特征：系圆柏栽培变种。常绿丛生灌木，高可达 5 m（照片中为嫁接后的形状）。外侧枝发达斜向外伸长，如鹿角分叉，通常全为鳞叶，少有刺叶。

生态习性：阳性，稍耐阴，耐寒。对土壤要求不严，微酸、微碱性土壤均可生长。华北地区广泛分布。

繁殖方式：播种、扦插、嫁接繁殖。

主要用途：园林绿化。

罗汉松

Podocarpus macrophyllus
(Thunb.) D.Don

罗汉松科　罗汉松属

果实

别　　名：罗汉杉，长青罗汉杉，土杉。

形态特征：常绿乔木，高可达 18 m。树冠广卵形。树皮鳞片状剥落。叶条状披针形，长 7 ～ 12 cm，宽 5 ～ 7 mm，有时被白粉，排列紧密，螺旋状互生。种子卵形，有黄褐色假种皮，着生于肉质而膨大的种托上。种托深红色。花期 5 月，种熟期 10 月。

生态习性：半阳性树种，在半阴环境下生长良好。喜温暖湿润气候和疏松肥沃的微酸性土壤，不耐寒。华北地区多为盆栽。

繁殖方式：播种、扦插繁殖。

主要用途：在"黄三角"为盆栽观赏及保护地栽培。

枝叶

树干

毛白杨

Populus tomentosa Carr.

杨柳科　杨属

叶形（背面）

枝叶（正面）

别　　名：大叶杨，木板杨，响叶子杨。

形态特征：落叶乔木，高可达 40 m。树冠卵形。树干通直，树皮幼时青白色，平滑，皮孔菱形；老时树皮纵裂，呈暗灰色。幼枝密被灰白色短绒毛，老枝无毛。长枝之叶三角状卵圆形或阔卵圆形，先端短渐尖，边缘具缺刻或粗锯齿，上面绿色，光滑，下面有白色绒毛；短枝之叶较小，无毛。柔荑花序，雌雄异株，花叶前开放。蒴果，4 月成熟。

生态习性：阳性，喜温暖、凉爽的气候和疏松、深厚肥沃的土壤。稍耐盐碱，幼树不耐水湿。抗烟尘和空气污染能力强。我国特产，广布于黄河流域至长江流域，以华北平原栽培最多。

繁殖方式：嫁接、埋条、根蘖繁殖。

主要用途：园林、道路、四旁绿化，防护林、用材林营建。

花序

抱头毛白杨

Populus tomentosa
Var. *fastigiata* Y. H. Wang

杨柳科　杨属

别　　名：抱头白杨。

形态特征：系毛白杨的变种。其基本形态特征与毛白杨相似，特点是：侧枝贴近树干向上伸展，形成枝叶紧密的狭窄树冠。

生态习性：阳性，喜温暖、凉爽的气候和疏松、深厚肥沃的土壤。稍耐盐碱，幼树不耐水湿。生长较快，适应性强，生长旺盛期长。抗烟尘和空气污染能力强。我国特产，广布于黄河流域至长江流域，以华北平原栽培最多。

繁殖方式：嫁接、埋条、根蘖繁殖。

主要用途：园林、道路、四旁绿化，防护林、用材林营建。

加拿大杨

Populus × canadensis
Moench

杨柳科   杨属

别　　名：加杨，美国大叶杨。

形态特征：落叶乔木，高可达 30 m 。树冠开展呈卵形。树皮灰褐色，粗糙，纵裂。叶近三角形或三角状卵圆形，长 7 ~ 10 cm，先端渐尖，基部截形，边缘半透明，具钝齿，叶柄扁平而长，带红色。柔荑花序，花期 4 月。果熟期 5 月。

生态习性：喜光，耐寒，耐水湿，对盐碱、瘠薄土壤均有一定耐性。对二氧化硫气体抗性强，并有吸收能力。生长快，寿命短，是美洲黑杨与欧洲黑杨的杂交种。我国各地普遍栽培，以华北、东北及长江流域最多。

繁殖方式：扦插繁殖。

主要用途：园林、道路、四旁绿化，防护林、用材林营建。

新疆杨

Populus alba
var. *pyramidalis* Bunge

杨柳科　杨属

叶形（正面）

形态特征：系银白杨的变种。落叶乔木，高可达 30 m。树冠塔形，侧枝与主干约呈 25°上展。树皮灰绿色至灰白色，光滑，很少开裂。长枝之叶掌状 3 ~ 5 深裂，边缘具粗齿，上面绿色，下面密生白色绒毛；短枝之叶显著较小，卵圆形或近圆形，边缘具缺刻状粗齿，背面幼时密生白色绒毛，后渐脱落近无毛。

生态习性：喜光，耐干旱，耐轻度盐碱。根系较深，萌芽性强，生长快。对烟尘有一定的抗性。主要分布于中亚、西亚、欧洲巴尔干地区、中国北方。

繁殖方式：嫁接、埋条、扦插繁殖。

主要用途：园林、道路、四旁绿化，防护林、用材林营建。

叶形（背面）

银 白 杨

Populus alba Linn.

杨柳科 杨属

叶形（正面）

　　形态特征：落叶乔木，高可达 30 m。树冠广阔，分枝多。树皮灰白色。长枝之叶较大，阔卵圆形或三角状卵圆形，掌状 3 ～ 5 浅裂，边缘具三角状粗齿；短枝之叶较小，卵圆形，叶缘具波状齿。叶初展时，两面均被灰白色绒毛，尔后，上面渐变光滑，呈绿色，下面的绒毛则不脱落，呈银白色。

　　生态习性：喜光，耐寒，耐干旱，耐轻度盐碱，不耐阴，不耐湿热。抗风、抗病虫害能力强。山东各地均有栽培。

　　繁殖方式：埋条、根蘖繁殖。

　　主要用途：园林、道路绿化，防护林、用材林营建。

叶形（背面）

钻天杨

Populus nigra var. italica (Moench) Koehne

杨柳科　杨属

别　　名：美杨，笔杨。

形态特征：落叶乔木，高可达 30 m。枝直立，树冠圆柱形。树皮灰绿色，老时暗灰褐色，深纵裂。长枝之叶为三角形，先端渐尖较短，基部近截形；短枝之叶为三角状卵圆形，先端渐尖，基部截形或宽楔形，边缘具钝锯齿；两面光滑，绿色；叶柄细长而扁。

生态习性：喜光，耐寒，耐干旱，耐水湿，耐轻度盐碱。原产意大利，我国自哈尔滨以南至长江流域均有栽培，其中以华北、西北生长最好。

繁殖方式：扦插繁殖。

主要用途：园林、道路绿化，防护林、用材林营建。

107 欧美杨

Populus × euramericana
'Neva'

杨柳科　杨属

形态特征：落叶乔木，高可达20 m。树冠塔形至卵形。树皮灰褐色，皮孔菱形，老时纵裂。叶阔卵圆形，边缘具钝锯齿，先端渐尖，两面均光滑。

生态习性：喜光，喜湿润，较耐寒，耐轻度盐碱。生长快。在黄河流域广泛栽培，是"黄三角"主要的用材树种。

繁殖方式：扦插繁殖。

主要用途：林网、道路绿化，用材林营建。

红叶杨

Populus deltoids
cv. 'Zhonghua hongye'

杨柳科　杨属

别　　名：中华红叶杨，变色杨。

形态特征：落叶乔木，高可达 20 m。树冠塔形至卵形。叶阔卵圆形，边缘具钝锯齿，先端渐尖，两面均光滑，其颜色春、夏、秋三季四变，从发芽到 6 月中旬为紫红色，6 月中旬至 7 月中旬为紫绿色，7 月中旬至 10 月上旬为褐绿色，10 月中旬以后逐渐变为黄色或橘黄色。

生态习性：耐寒，耐旱，耐水湿。抗病虫害能力强。华中、华东、华北地区广泛栽培。

繁殖方式：扦插繁殖。

主要用途：园林、四旁绿化。

旱 柳

Salix matsudana Koidz

杨柳科　柳属

别　　名： 柳树，立柳，汉宫柳，左公柳。

形态特征： 落叶乔木，高可达 20 m。树冠卵形或倒卵形。树皮灰黑色，纵裂。叶披针形，基部楔形，边缘具细齿，上面绿色，有光泽，下面略被白粉。花雌雄异株，柔荑花序，与叶同放。花期 4 月。果熟期 4～5 月。

生态习性： 喜光，喜水湿，较耐盐碱，耐干旱。在我国分布甚广，东北、华北、西北及长江流域均有栽培，以黄河流域为其分布中心，是"黄三角"的乡土树种。

繁殖方式： 以扦插繁殖为主，亦可播种繁殖。

主要用途： 园林、四旁绿化，防护林、用材林营造。

花序

馒头柳

Salix matsudana
f. *umbraculifera* Rehd.

杨柳科 柳属

形态特征：系旱柳的变型。其基本形态特征与旱柳相似。特点是：分枝密，树冠呈半圆球形，状似馒头，故名"馒头柳"。

生态习性、繁殖方式：同旱柳（见 039 页）。

主要用途：四旁、园林绿化。

垂 柳

Salix babylonica Linn.

杨柳科　柳属

别　　名：清明柳，水柳，垂枝柳。

形态特征：落叶乔木，高可达18 m。树冠倒卵形。小枝细长，下垂，淡黄褐色。叶狭披针形或条状披针形，边缘具细锯齿，上面绿色，下面蓝灰绿色。花期3～4月。蒴果，4～5月成熟。

花序、枝条

生态习性：喜光，喜温暖湿润气候，特喜水湿，较耐盐碱。对有毒气体抗性较强，并能吸收二氧化硫。主要分布于长江流域及其以南各省平原地区，华北、东北亦有栽培。

繁殖方式：以扦插繁殖为主，亦可播种繁殖。

主要用途：四旁、园林绿化。

绦 柳

Salix matsudana
f. *pendula* Schneid.

杨柳科　柳属

别　　名：旱垂柳。

形态特征：系旱柳的变型，落叶乔木，高可达 12 m。外形似垂柳，主干明显。枝条细长，下垂，小枝较垂柳短，呈黄色。其他形态特征同旱柳（见 039 页）。

生态习性：喜光，喜温暖湿润气候，喜水湿，较耐盐碱。东北、华北、西北、淮海流域习见栽培。

繁殖方式：扦插繁殖。

主要用途：四旁、园林绿化。

金丝柳

Salix × aureo – pendula
CL.

杨柳科　柳属

别　　名：金枝垂柳。

形态特征：落叶乔木，高 6～15 m。小枝呈金黄色，光亮，细长下垂。叶狭披针形。其他形态特征同垂柳（见 041 页）。

生态习性、繁殖方式、主要用途：同垂柳（见 041 页）。

花序、枝条

龙爪柳

Salix matsudana
f. *tortuosa* (Vilm.) Rehd.

杨柳科　柳属

别　　名：龙须柳。

形态特征：系旱柳的变型，基本形态特征与旱柳相似（见039页）。特点是：枝条扭曲向上，叶片卷曲。

生态习性：喜湿润、肥沃的土壤，稍耐盐碱；生长势弱，易衰老。在淮海流域和北方平原地区习见栽培。

繁殖方式：扦插繁殖。

主要用途：风景、园林绿化。

杞 柳

Salix integra Thunb

杨柳科 柳属

花序、枝条

别　　名：柳条，绵柳，簸箕柳，笆斗柳，红皮柳。

形态特征：落叶灌木。小枝黄绿色或紫红色。叶披针形或条状披针形，先端渐尖或较宽，边缘具细锯齿，上面绿色，下面灰白色，初微具短毛，后无毛。花序长圆柱形，花期4～5月。

生态习性：喜光，喜温暖湿润气候，喜水湿，较耐盐碱。主要分布于黄河流域。

繁殖方式：扦插繁殖。

主要用途：特种经济（编条）林、薪炭林、固沙林、护堤林营造。

曲枝垂柳

Salix babylonica f. *tortuosa* Y. L. Chou

杨柳科　柳属

别　　名：龙爪垂柳。

形态特征：系垂柳的变型，其基本形态特征同垂柳（见041页），特点是：枝条扭曲下垂，叶卷曲。

生态习性：喜光，喜温暖湿润气候，特喜水湿，较耐盐碱。寿命短。主要分布于长江流域及其以南的平原地区，华北、东北亦有栽培。

繁殖方式：扦插繁殖。

主要用途：园林绿化。

核 桃

Juglans regia
L.

胡桃科　胡桃属

别　　名：胡桃。

形态特征：落叶乔木，高可达25 m。树冠广卵形至扁球形。树皮幼时灰绿色，老时灰白色，浅纵裂。奇数羽状复叶，小叶5～9枚，卵圆形至长椭圆形，先端钝圆或急尖，全缘或具稀疏锯齿，上面深绿色，下面淡绿色。雄花花序为柔荑花序，黄绿色。雌花1～3（稀4）朵顶生。球形果，灰绿色。花期4～5月。果熟期8～9月。

生态习性：喜光，喜温暖、凉爽气候，耐寒。在酸性、中性、弱碱性土壤中均能正常生长。忌涝。全国均有分布，以西北、华北最多。东营市利津县王庄修防段院内一核桃树，于1994年栽植，2013年时，高18 m，冠幅14 m，胸径55 cm，年产核桃500余斤，枝繁叶茂，生长旺盛。

繁殖方式：种子或嫁接繁殖。

主要用途：庭院、荒山绿化，经济林营造。

雄花花序

雌花

果实

枫 杨

Pterocarya stenoptera C. DC.

胡桃科 枫杨属

别　名：平柳。

形态特征：落叶乔木，高可达 30 m。树皮幼时平滑，灰褐色；老时纵裂。羽状复叶，叶轴具翅，被短柔毛，小叶 10～16 枚（稀 6～25 枚），长椭圆形至椭圆状披针形，无柄，边缘具细锯齿。雄花序柔荑状，长 6～10 cm。雌花序穗状，长 10～15 cm。果序下垂。坚果翅狭，条形。花期 4～5 月。果熟期 8～9 月。

生态习性：喜光，喜温湿气候，不耐阴，较耐寒。耐水湿，喜流水，耐轻度盐碱。对各种空气污染及烟尘抗性较强。叶片有毒，鱼池附近不宜栽植。广布于华北、华中、华南和西南地区，在长江流域和淮海流域最为常见。

繁殖方式：种子繁殖。

主要用途：园林、河道、道路绿化。

复叶

果序

雄花序

榆 树

Ulmus pumila Linn.

榆科　榆属

别　　名：白榆，家榆，钱榆。

形态特征：落叶乔木，高可达 25 m。树冠近球形或卵形。树皮暗灰色，纵裂，粗糙。小枝灰色，细长柔软。叶互生，卵圆形至长椭圆形，先端尖，基部楔形，边缘具锯齿，常在枝上排成二列。花叶前开放，簇生于去年生枝上。翅果（俗称榆钱，可食）近圆形，种子位于翅果中央。花期 3～4 月，果 4～5 月成熟。

生态习性：喜光，耐寒，耐干旱瘠薄，耐盐碱，不耐水湿，对烟尘及有毒气体抗性较强。东北、华北、西北、华东、华中等地广泛栽培，其中以华北农村最为常见，是"黄三角"的乡土树种。

繁殖方式：种子繁殖。

主要用途：四旁绿化，用材林营造。

果实

垂枝榆

Ulmus pumila
L. cv. 'Tenue'

榆科 榆属

别　　名：龙爪榆。

形态特征：落叶小乔木，高可达 4 m。树冠伞形，枝条明显下垂。单叶互生，卵圆形或椭圆状披针形，先端尖，基部稍斜，叶缘具单锯齿。花叶前开放。翅果近圆形。

生态习性：喜光，耐干旱瘠薄，耐盐碱，耐寒，不耐水湿。对有毒气体有较强的抗性。东北、华北、西北均有栽培。

繁殖方式：以榆树作砧木嫁接繁殖。

主要用途：行道、园林绿化。

中华金叶榆

Ulmus pumila
cv. 'jinye'

榆科 榆属

别　　名：金叶榆。

形态特征：系白榆的栽培变种，其基本形态特征与榆树相似（见049页）。特点是：嫩叶金黄色，老叶渐变为绿色，因此，其树冠春季呈金黄色，夏秋季则呈上黄下绿、外黄内绿的景色；叶面有自然光泽，叶脉清晰。

生态习性：喜光，耐干旱瘠薄，耐盐碱，耐寒，不耐水湿。对有毒气体有较强的抗性。我国长江以北广大地区普遍栽培。

繁殖方式：以榆树为砧木嫁接繁殖，亦可嫩枝扦插繁殖。

主要用途：行道、园林绿化。

夏秋景　春景

金叶垂榆
Ulmus pumila
var. *pendula* (kirchn.) Rehd.

榆科 榆属

形态特征：系白榆的栽培变种，其基本形态特征与榆树相似。特点是：幼叶金黄色，渐变为黄绿色，有自然光泽，叶脉清晰；枝条柔软，细长下垂。

生态习性：喜光，耐干旱瘠薄，耐盐碱，耐寒，不耐水湿，对有毒气体有较强的抗性。东北、华北、西北、华东、华中等地广泛栽培。

繁殖方式：以榆树为砧木嫁接繁殖。

主要用途：行道、园林绿化。

朴 树

Celtis sinensis
Pers.

榆科　朴属

别　　名：沙朴。

形态特征：落叶乔木，高可达 20 m。树干灰色，不开裂。幼枝灰褐色或稍带暗红色，密生细柔毛。单叶互生，阔卵圆形、卵状椭圆形或狭卵圆形，3 出脉，基部不对称，先端渐尖，边缘中部以上有浅锯齿，表面有光泽。花小，着生于新枝叶腋。核果呈球形，径约 6 mm，熟时呈橙红色或暗红色。

生态习性：喜光，稍耐阴。耐寒。对土壤要求不严，耐轻度盐碱。原产于我国，黄河流域及华南地区均有分布。

繁殖方式：播种繁殖。

主要用途：园林、四旁绿化。

果实

树干

榉 树

Zelkova schneideriana
(Thunb.) Makino

榆科　榉属

果实、叶片（背面）

枝叶（正面）

花序、枝叶

别　　名：大叶榉，黄榉。

形态特征：落叶乔木，高可达 25 m。幼树树皮深灰色，光滑，老时呈鳞片状剥落。小枝细，有毛。单叶互生，卵状长椭圆形或长卵圆形，先端尖，边缘具整齐锯齿，表面粗糙，背面密生柔毛。坚果小，不端正，有皱纹。花期 3～4 月。果熟期 10～11 月。

生态习性：喜光，稍耐阴，耐寒。对土壤适应性强，耐轻度盐碱。忌涝。抗空气污染能力强。原产于我国，华北、华东、华南、华中、西南广大地区均有栽培。

繁殖方式：播种繁殖。

主要用途：园林、四旁、荒山绿化。

桑 树

Morus alba Linn.

桑科　桑属

别　　名：桑，家桑。

形态特征：落叶乔木或灌木，高可达 15 m。树冠倒广卵形。树皮灰褐色或黄褐色，不规则浅纵裂。单叶互生，卵圆形至广卵圆形，先端尖，边缘具钝齿，上面绿色，有光泽，下面淡绿色。雌雄异株。聚花果（桑葚）椭圆状球形，熟时紫红色、红色或近白色，汁多味甜。花期 4 ～ 5 月。果熟期 6 月。

生态习性：喜光，不耐阴。耐寒，耐干旱瘠薄，耐水湿，耐盐碱。深根性，根系发达。萌芽力强。对有毒气体抗性强。原产我国中部，现全国南北各地广泛栽培，尤以长江中下游最多。

繁殖方式：播种、扦插、压条、分根、嫁接繁殖。

主要用途：四旁绿化，经济林营造；果食用，全株入药。

果实

花序

构 树

Broussonetia papyrifera
(Linn.) L' Her. ex Vent.

桑科 构属

别　　名：楮树。

形态特征：落叶乔木，高可达 16 m。树冠开展，呈卵形至广卵形。树皮浅灰色或灰褐色，平滑，具不规则细纵纹。小枝粗壮，密生丝状刚毛。单叶互生或近对生，卵圆形或长卵圆形，叶形多变，不裂或呈不规则 3 ～ 5 深裂，两面密生柔毛。雌雄异株。雄花序柔荑状，下垂；

雄花花序　　雌花花序
果实

雌花序头状。聚花果球形，熟时橙红色或鲜红色，不可食。花期 4 ～ 5 月。果熟期 7 ～ 9 月。

生态习性：喜光，不耐阴。耐寒，耐干旱瘠薄，耐水湿，耐中度盐碱。根系较浅，抗风能力弱。萌芽力强。对烟尘及有毒气体抗性强，少病虫害。适应性强，除吉、黑、蒙、新外全国各地均有分布。

繁殖方式：播种、扦插、埋根、根蘗、压条繁殖。

主要用途：行道、园林绿化，经济林营造。其树皮纤维柔软而长，为上等的造纸原料，亦可代棉用于纺织。

[Image]

柘 树

Cudrania tricuspidata (Carr.) Bur. ex Lavallee

桑科 柘属

别　　名：柘桑。

形态特征：落叶灌木或小乔木。树冠扁球形。树皮灰褐色，呈不规则薄片状剥落。小枝光滑，有长枝刺。单叶互生，稀对生，近革质，卵圆形或倒卵圆形，全缘，有时 3 裂。头状花序。聚花果近球形，果皮微皱，熟时橘黄色至红色。花期 5 ～ 6 月。果熟期 9 ～ 10 月。

生态习性：喜光亦耐阴。适应性强，耐寒，耐干旱瘠薄，耐轻度盐碱。根系发达，萌蘖力强。我国华南、西南、华北均有分布。

繁殖方式：播种、根蘖、扦插繁殖。

主要用途：园林、四旁绿化。

果实

枝刺

橡皮树

Ficus elastica
Roxb. ex Horoem

桑科 榕属

别　　名：印度橡皮树，缅树，印度榕。

形态特征：常绿大乔木，高可达 30 m。叶长圆形至椭圆形，先端短锐尖，全缘，厚革质，表面有光泽，叶脉多而平行。品种不同，叶色有绿色、紫色等，有的具色斑。

生态习性：喜温暖湿润气候，不耐寒。原产于印度、缅甸、斯里兰卡，在中国南部有栽培。

繁殖方式：扦插繁殖。

主要用途：在"黄三角"为盆栽观赏及保护地栽培。

无花果

Ficus carica Linn.

桑科 榕属

形态特征：落叶小乔木或灌木，高 3～5 m。树皮灰褐色，平滑或不规则纵裂。小枝粗壮。单叶互生，广卵圆形或近圆形，常 3～5 掌状浅裂或深裂，裂片全缘或具微波状粗锯齿，上面深绿色，粗糙，下面黄绿色。隐花果梨形，熟时浅黄色或紫红色。果熟期 8～10 月。

生态习性：喜光，喜温暖湿润气候。不耐寒，不耐涝。较耐干旱，较耐盐碱。原产西亚及地中海东部，我国各地均有栽培。在"黄三角"需栽植于背风向阳处。

繁殖方式：扦插、分株、压条繁殖。

主要用途：庭院绿化，经济林营造。

榕 树

Ficus microcarpa L. f. Suppl.

桑科 榕属

树干

别　　名：小叶榕，细叶榕。

形态特征：常绿乔木，高可达 25 m。树皮深褐色。枝具下垂须状气生根。叶椭圆形至卵圆形，全缘，革质。瘦果卵形。

生态习性：喜温热多雨气候及酸性土壤，极不耐寒，不耐干旱瘠薄。生长快，寿命长。热带树种，在华南、西南、海南，可见一木成林的壮丽景观。

繁殖方式：播种、扦插、嫁接繁殖。

主要用途：在"黄三角"为盆景观赏及保护地栽培。

紫金牛

Ardisia japonica
(Thunb) Blume

紫金牛科　紫金牛属

果实

别　　名： 矮地茶，千年矮。

形态特征： 常绿小灌木。茎直立，少分枝。叶对生或 3～4 枚轮生，椭圆形，边缘具尖锯齿，有波皱，两面有腺点。总状花序近伞形。核果球形，熟时红色。花期 4～5 月。果熟期 6～11 月。

生态习性： 喜温暖、阴蔽、湿润环境。要求透气、排水良好的肥沃土壤。主要分布于长江流域以南地区。

繁殖方式： 播种、扦插繁殖。

主要用途： 在"黄三角"为盆栽观赏。

紫叶小檗

Berberis thunbergii
var. *atropurpurea* Chenault

小檗科 小檗属

别　　名：红叶小檗。

形态特征：落叶灌木。系日本小檗的自然变种。枝丛生，幼枝紫红色或暗红色，老枝灰棕色或紫褐色，枝节有细小锐刺。叶匙状矩圆形或倒卵圆形，1～5枚簇生，全缘，深紫色或紫红色。花序伞状，花黄色。浆果椭圆状球形，熟时鲜红色，落叶后仍缀满枝头。花期4～5月。果熟期9～11月。

枝刺　花梗　果实

生态习性：适应性强。喜光，耐半阴。耐寒，耐干旱。不择土壤。萌蘖性强，耐修剪。原产日本。在我国广泛栽培，其中以华中、华北、华东最为常见。

繁殖方式：播种、扦插、压条繁殖。

主要用途：园林绿化（点缀、绿篱、魔纹、色块）。

玉 兰

Magnolia denudate Desr.

木兰科　木兰属

别　　名：白玉兰，望春树。

形态特征：落叶乔木，高可达 15 m。树冠卵形或近球形。树皮灰白色。幼枝及芽具柔毛。叶倒卵状长椭圆形，长 10 ～ 15 cm，先端突尖或圆钝，上面亮绿色，下面淡绿色，幼叶背面具柔毛。钟状花，大型，白色，叶前开放。聚合果圆柱形，长 8 ～ 12 cm，外种皮熟时呈红色。花期 3 ～ 4 月。果熟期 9 ～ 10 月。

果实

生态习性：喜光，稍耐阴，颇耐寒，较耐旱。喜肥沃、湿润土壤；不耐水湿。原产我国中部，现全国各地多有栽培。

繁殖方式：播种、嫁接、压条繁殖。

主要用途：园林、庭院、行道绿化。

广玉兰

Magnolia grandiflora L.

木兰科　木兰属

别　　名：洋玉兰，大花玉兰，荷花玉兰。

形态特征：常绿乔木，高可达 30 m。树冠阔圆锥形。芽及小枝有锈色柔毛。叶倒卵状长椭圆形，厚革质，表面有光泽，背面锈色，叶缘稍微波状，长 12 ～ 20 cm。花杯形，白色，大型。聚合果圆柱状卵形，密被锈色毛，长 7 ～ 10 cm。花期 5 ～ 8 月。果熟期 10 月。

生态习性：弱阴性树种，喜光，亦颇耐阴。喜温暖湿润气候，在富含腐殖质的沙壤土中生长最佳。不耐水湿，不耐盐碱。抗烟尘能力强。原产北美，约 1913 年引入我国，最先由广州引进，故称"广玉兰"。目前黄河流域及其以南地区广为栽培。

繁殖方式：播种、嫁接繁殖。

主要用途：园林、庭院、行道绿化。

果实

紫花玉兰

Magnolia denudate var. *purpurascens* Rehd. et Wils

木兰科　木兰属

别　　名：朱砂玉兰。

形态特征：落叶小乔木，高可达 15 m。系白玉兰的变种。树皮淡灰色，光滑。枝条直耸开展，构成圆锥形树冠。小枝暗紫色，皮孔明显。叶倒卵状长椭圆形，长 12 ～ 15 cm，先端急尖。芽长卵形

被淡黄绿色柔毛。花芽于前一年秋末形成，直立，被有灰白色厚绒毛鳞片。花外面为紫红色，里面为淡红白色，芳香。花期为 4 月中、下旬；甚少结果。

生态习性、繁殖方式、主要用途：同白玉兰（见063 页）。

黄　兰

Michelia champaca L.

木兰科　含笑属

别　　名：黄玉兰，黄缅兰。

形态特征：其基本形态特征与白玉兰相似。特点是：花为酪黄色。

生态习性、繁殖方式、主要用途：同白玉兰（见 063 页）。

鹅掌楸

Liriodendron chinense
(Hemsl.) Sargent.

木兰科　鹅掌楸属

果、叶

别　　名：马褂木。

形态特征：落叶乔木，高可达 40 m。树冠圆锥形。树皮灰色，老时交错纵裂。叶形似马褂（故名"马褂木"），长 10 ~ 15 cm，先端截形或微凹，两侧各有 1 阔裂，上面深绿色，下面淡绿色，老叶下面有乳头状白粉点。花单生于枝顶，杯形，直径 5 ~ 6 cm，黄绿色，外面绿色较多而里面黄色较多。聚合果。花期 5 ~ 6 月。果熟期 10 月。

生态习性：喜温和湿润气候及深厚肥沃、排水良好的沙质壤土；稍耐寒。主要分布于长江以南地区，山东各地均有栽培。

繁殖方式：以种子繁殖为主，亦可压条、扦插繁殖。

主要用途：园林、行道绿化。

绣 球

Hydrangea macrophylla
(Thunb.) Seringe

虎耳草科 绣球属

花序

别　　名：八仙花。

形态特征：落叶灌木。小枝粗壮，有明显皮孔和叶痕。叶对生，倒卵圆形或椭圆形，长 7 ~ 20 cm，先端短渐尖，边缘具粗锯齿，上面鲜绿色，下面黄绿色。伞房花序顶生，半球形，直径达 20 cm，花白色、粉红色或蓝色，多数不育，花期 6 ~ 8 月。

生态习性：耐阴，喜温暖湿润气候，不耐严寒。性强健，少病虫害。原产于日本及中国四川一带，广泛分布于长江流域至华南地区，在华北地区多为盆栽。

繁殖方式：扦插、压条、分株繁殖。

主要用途：园林、庭院、林荫路绿化，盆栽观赏。

圆锥绣球

Hydrangea paiculata Sieb.

虎耳草科　绣球属

别　　名：大花水亚木。

形态特征：落叶灌木。单叶对生，卵状椭圆形，长6～12 cm。圆锥花序，长达40 cm，宽达30 cm，不育花较多，由白色渐变为浅粉红色，花期8～9月。

生态习性：耐阴，喜湿润肥沃土壤，较耐寒，忌涝。广布于华东、华中、华南、西北地区，日本也有分布。

繁殖方式：播种、扦插繁殖。

主要用途：园林、庭院绿化。

太平花

Philadelphus Pekinensis Rupr.

虎耳草科　山梅花属

别　　名：北京山梅花。

形态特征：落叶灌木。干皮栗褐色，薄片状剥落。小枝紫褐色，铺散或下垂。单叶对生，卵状椭圆形，基部3出主脉明显，两面光滑。总状花序，花5～9朵，乳白色，花瓣4，清香，花期4～6月。蒴果近球形或倒圆锥形，熟时4瓣裂，果期8～10月。

生态习性：耐半阴，亦耐强光。耐干旱，耐轻度盐碱，忌涝。分布于华北、西部等地。

繁殖方式：播种、扦插、分株、压条繁殖。

主要用途：园林、庭院、林荫路绿化。

海 桐

Pittosporum tobira
(Thunb.) Ait.

海桐花科　海桐花属

别　　名：
海桐花。

形态特征：
常绿灌木或小乔
木。树冠圆球形。
枝条近轮生。单

果实

叶互生，有时在枝顶呈轮生状，倒卵状椭圆形，
全缘，厚革质，表面深绿而有光泽，边缘反卷。
顶生伞形花序，花白色或淡黄绿色，芳香。蒴果
卵球形。花期5月。果熟期9～10月。

生态习性：喜光，亦较耐阴。对土壤要求不严，
耐轻度盐碱。萌芽力强，耐修剪。抗二氧化硫等有毒气体能力较强。我国黄河流域以南
广泛栽培，尤以长江流域栽培最多，在"黄三角"易受冻害。

繁殖方式：播种、扦插繁殖。

主要用途：园林、路旁绿化。

圆叶椒草

Peperomia obtusifolia　　　胡椒科　草胡椒属

别　　名：豆瓣绿，青叶碧玉。

形态特征：多年生草本，高约30 cm。茎直立，红褐色。单叶互生，椭圆形或倒卵圆形，长5～6 cm，宽4～5 cm，全缘，先端圆钝，浓绿色，表面有光泽，质厚而硬挺；叶柄较短，约1 cm。

生态习性：喜温暖湿润的半阴环境，要求较高的空气湿度。不耐高温，不耐寒，生长适温为25℃左右，最低不可低于10℃，忌阳光直射。原产于委内瑞拉。

繁殖方式：扦插、分株繁殖。

主要用途：在"黄三角"为盆栽观赏。

三球悬铃木

Platanus orientalis Linn.

悬铃木科 悬铃木属

别　　名：法国梧桐。

形态特征：落叶乔木，高可达 30 m。树冠广阔。树皮灰绿色至灰白色，呈薄片状剥落。幼枝、幼叶密生褐色星状毛。叶掌状 5～7 深裂，裂深达中部或中部以下，中部裂片长大于宽，基部广楔形或截形，边缘具大齿；春、夏季为绿色，秋季变为红褐色。头状花序，黄绿色。球状果，3～5 球一串，多为 3 球一串。花期 4～5 月。果熟期 9～10 月。

生态习性：喜光，喜温暖湿润气候，较耐寒、耐湿、耐旱。耐轻度盐碱。生长快，寿命长。具有很强的吸收有毒气体、抗烟尘、隔噪音能力。原产于欧洲，在我国长江流域至华北各地习见栽培。

繁殖方式：播种、扦插繁殖。

主要用途：园林、行道绿化。

果实　　花序　　　　　　　树干

春景　秋景

二球悬铃木

Platanus acerifolia
(Ait.) Willd.

悬铃木科　悬铃木属

　　别　　名：英国梧桐，槭叶悬铃木。

　　形态特征：其基本形态特征与三球悬铃木相似。特点是：叶掌状 3 ～ 5 中裂，中部叶片长、宽约相等；球果多为 2 球一串。

　　生态习性、繁殖方式、主要用途：同三球悬铃木（见 073 页）。

果实

花序

一球悬铃木

Platanus occidentalis
Linn.

悬铃木科　悬铃木属

　　别　　名：美国梧桐。

　　形态特征：其基本形态特征与三球悬铃木相似。特点是：叶掌状 3 ～ 5 浅裂，中部叶片宽大于长；球果通常单生，偶有 2 球一串。

　　生态习性、繁殖方式、主要用途：同三球悬铃木（见 073 页）。

果实

蔷 薇

Rosa multiflora Thunb.

蔷薇科　蔷薇亚科　蔷薇属

别　　名：野蔷薇，多花蔷薇。

形态特征：落叶灌木。茎长，偃伏或攀援，有皮刺。羽状复叶，小叶5～9枚，对生，卵圆形至椭圆形，边缘有锐锯齿，两面有毛。花多朵成密集圆锥状伞房花序；品种繁多，花型有重瓣、半重瓣，花白色至红色，颜色多样，芳香。果近球形，熟时褐红色。花期5～6月。果熟期10月。

生态习性：喜光，不耐阴。喜温暖气候，耐寒。不择土壤，耐水湿。性强健，生长快，萌蘖力强。广泛分布于我国华北、华东、黄河流域及其以南广大地区。

繁殖方式：播种、扦插、分根繁殖。

主要用途：园林、庭院、路旁绿化，花篱、花门制作。

果实

玫瑰

Rosa rugosa Thunb.

蔷薇科　蔷薇亚科　蔷薇属

别　　名：刺玫花。

形态特征：落叶直立丛生灌木。茎枝灰褐色，枝干粗壮，密生刚毛与倒刺。羽状复叶，小叶 5～9 枚，椭圆形或倒卵状椭圆形，边缘具钝锯齿，革质，表面亮绿色，多皱，背面苍白色，有柔毛及刺毛。花单生或 3～6 朵簇生。品种多，花单瓣或重瓣，紫红色、红色、白色，芳香。果扁球形，熟时红色。花期 5～6 月。果熟期 9～10 月。

生态习性：适应性强，性强健。耐寒，耐旱，耐轻度盐碱。萌蘖力强。原产于中国北部，现全国各地均有栽培。

繁殖方式：分株、扦插繁殖。

主要用途：园林、庭院、路旁绿化。

黄刺玫

Rosa xanthina Lindl.

蔷薇科　蔷薇亚科　蔷薇属

形态特征： 落叶丛生灌木。枝细长，开展，褐色，有硬直皮刺。羽状复叶，小叶7～13枚，广卵圆形至近圆形，先端圆钝，边缘具钝锯齿，上面无毛，下面被柔毛。花单生，黄色，重瓣或单瓣。果近球形，熟时红褐色。花期4～5月。果熟期6～7月。

生态习性： 性强健。喜光，耐寒，耐旱，耐瘠薄。少病虫害。原产于我国，东北南部、华北、华东及黄河流域习见栽培。

繁殖方式： 分株、压条、扦插繁殖。

主要用途： 园林、庭院、路旁绿化。

果实

月季花

Rosa chinensis Jacq. 蔷薇科 蔷薇亚科 蔷薇属

果实

别　　名：大花月季。

形态特征：落叶灌木，高可达2m以上。通常具钩状皮刺。羽状复叶，小叶3～5枚，广卵圆形至卵状椭圆形，先端尖，边缘具锐锯齿，表面有光泽。品种繁多，花色有深红色、粉红色、黄色至近白色。果卵球形或球形。花期4～10月。果熟期9～11月。

生态习性：适应性强，对土壤、气候要求不严。原产于湖北、四川、云南、湖南、江苏、广东等省，现全国各地普遍栽培。

繁殖方式：播种、扦插、根蘖、嫁接繁殖。

主要用途：园林、庭院、四旁绿化。

丰花月季

Rosa cultivars cv. 'Floribunda'　　蔷薇科　蔷薇亚科　蔷薇属

形态特征：丛生性落叶灌木。品种繁多，花单瓣或重瓣，数朵成花束状着生于茎顶，白色、红色、粉红色；花期长，春末至秋末冬初均开花。

生态习性：性强健，对气候、土壤适应性强。我国各地均有栽培。

繁殖方式：扦插、分株繁殖。

主要用途：园林、庭院、四旁绿化。

棣 棠

Kerria japonica
(Linn.) DC.

蔷薇科 蔷薇亚科 棣棠花属

别　　名：棣棠花，地棠，麻叶棣棠。

形态特征：落叶丛生灌木。小枝绿色，光滑，有棱，微拱曲。叶卵圆形或三角状卵圆形，先端渐尖，边缘具重锯齿，常有浅裂。花金黄色。瘦果半球形，熟时黑色。花期 4～5 月。果熟期 7～8 月。

生态习性：喜光，稍耐阴。喜温暖气候，较耐湿。根蘖能力强。适生于我国黄河流域及其以南广大地区。

繁殖方式：分株、扦插繁殖。

主要用途：园林、路旁绿化（花径、花篱等）。

贴梗海棠

Chaenomeles speciosa
(Sweet) Nakai

蔷薇科 苹果亚科 木瓜属

别　　名：皱皮木瓜，铁脚梨。

形态特征：落叶灌木。枝条开展，常有椎刺状短枝。叶卵圆形至椭圆形，先端尖，边缘具锐锯齿。花3～5朵簇生，花梗短粗或无梗，因此得名。品种多，花粉红、朱红或白色。果卵形至球形，熟时黄色或黄绿色，芳香。花期4～5月。果熟期9～10月。

生态习性：喜光，稍耐阴，耐寒，耐干旱，耐轻度盐碱，不耐水湿。原产于我国华北南部、西北东部和华中地区，现全国各地均有栽培。

繁殖方式：分株、压条、扦插繁殖。

主要用途：著名观赏树种。园林、庭院、路旁绿化，造型、盆景制作。

果实

木 瓜

Chaenomeles sinensis
(Thouin) Koehne

蔷薇科　苹果亚科　木瓜属

别　　名：大李。

形态特征：落叶小乔木，高可达 8 m。树冠卵形。干皮呈不规则薄片状脱落，内皮黄绿色，光滑。单叶互生，卵状椭圆形，先端急尖，边缘具刺芒状细齿。花单生于短枝端，淡粉红色。果长卵形，熟时暗黄色，木质，芳香。花期 4 ～ 5 月。果熟期 9 ～ 10 月。

生态习性：喜光，耐半阴。耐寒，耐干旱瘠薄。不耐水湿，不耐盐碱。生长较慢，实生苗约 10 年方能开花结果。原产于我国，在我国南北各地均有栽培。

繁殖方式：播种、嫁接繁殖。

主要用途：园林、庭院、道路绿化，经济林营造。

果实

山 楂

Crataegus pinnatifida Bge.

蔷薇科　苹果亚科　山楂属

别　　名：酸楂，红果，山里红。

形态特征：落叶乔木，高可达6 m。树冠球形或伞形。树皮灰褐色，浅纵裂。叶三角状卵圆形至菱状卵圆形，羽状5～9裂，裂缘具不规则尖锐锯齿。顶生伞房花序，花白色。果近球形，熟时红色或橙红色，有明显的白色皮孔。花期5～6月。果熟期9～10月。

生态习性：喜光，稍耐阴，耐寒，耐干旱瘠薄，稍耐盐碱。根系发达，萌蘖力强。主要分布于我国东北、内蒙古、华北至江苏、浙江等地。

繁殖方式：播种、嫁接、分株繁殖。

主要用途：四旁、庭院、园林绿化，经济林营建。

石楠

Photinia serrulata Lindl.

蔷薇科　苹果亚科　石楠属

别　　名：千年红，凿木。

形态特征：常绿灌木或小乔木。树冠卵形或球形。单叶互生，革质，长椭圆形至倒卵状椭圆形，边缘微反卷，具尖细锯齿，先端突尖；上面亮绿色，下面淡绿色；幼叶多呈红色。顶生复伞房花序，花小，密生，白色。梨果，球形，初熟时红色，后变为紫红色。花期 4～5 月。果熟期 10 月。

生态习性：喜光，也耐阴。耐干旱瘠薄，对土壤要求不严。不耐严寒，忌涝，萌芽力强，对烟尘及有害气体有一定抗性。广泛分布于我国黄河流域及其以南地区，其中以长江流域栽培较多。

繁殖方式：以播种繁殖为主，亦可扦插、压条繁殖。

主要用途：四旁、园林绿化。

红叶石楠

Photinia × *fraseri*　　蔷薇科　苹果亚科　石楠属

形态特征：

常绿灌木或小乔木。叶椭圆形或倒卵圆形，先端渐尖，边缘具疏生浅锯齿，革质，有光泽，春季新生枝叶红艳，夏季转为绿色，秋季变为红色。顶生复伞房花序，花小，密生，白色。梨果卵形，熟时亮红色。花期 4 ～ 5 月。果熟期 9 ～ 10 月。

生态习性、繁殖方式、主要用途：同石楠（见 084 页）。

春季枝叶

果实

火 棘

Pyracantha fortuneana (Maxim.) Li

蔷薇科　苹果亚科　火棘属

别　　名：红果树，火把果。

形态特征：常绿灌木。枝条常具短枝刺。单叶互生，矩圆形或倒卵圆形，边缘

果实

具钝锯齿。复伞房花序，花白色。梨果，近球形，熟时红色。花期5月。果熟期9～11月，果实经冬不落。

生态习性：喜光，稍耐阴，喜温暖气候。耐干旱瘠薄，对土壤要求不严。不耐严寒，在"黄三角"冬季落叶。适生于我国华北、华东、华中及西南地区。

繁殖方式：播种、扦插、压条繁殖。

主要用途：园林、四旁绿化，绿篱、盆景制作。

梨

Pyrus bretschneideri Rehd.

蔷薇科　苹果亚科　梨属

别　　名：水梨，白梨。

形态特征：变种、品种繁多。落叶小乔木，高可达 8 m。树冠卵形或广卵形。

树皮灰黑色，呈块状裂。单叶互生，卵圆形或卵状椭圆形，先端渐尖或急尖，边缘具尖锐锯齿。伞形总状花序，花白色。果形多变，有卵形、瓢形或球形等，通常熟时为黄色和黄绿色。

生态习性：喜温凉气候。抗旱，耐寒。耐轻度盐碱。产于我国北方，在辽宁、新疆、甘肃及黄河流域广泛栽培。

繁殖方式：播种、嫁接繁殖。

主要用途：庭院绿化，经济林营造。

杜 梨

Pyrus betulaefolia
Bunge

蔷薇科　苹果亚科　梨属

别　　名：棠梨，野梨，土梨，海棠梨。

形态特征：落叶乔木，高可达 10 m。树冠开张。树皮灰黑色，呈小方块状开裂。小枝通常有刺。叶菱状卵圆形至长卵圆形，厚纸质，先端渐尖，边缘具锯齿。伞形总状花序由 6～15 朵花组成，花白色。果近球形，直径 5～10 mm，密生，熟时褐色，有淡色果点。花期 4 月。果熟期 8～9 月。

生态习性：喜光，耐寒，耐干旱瘠薄，稍耐涝，较耐盐碱。适生于我国东北南部、内蒙古、黄河流域至长江流域。

繁殖方式：播种，压条、萌蘖繁殖。

主要用途：园林绿化，梨树砧木，是盐碱地区值得推广的绿化树种。

苹 果

Malus pumila Mill.

蔷薇科 苹果亚科 苹果属

别　　名：西洋苹果，绵苹果。

形态特征：品种繁多。落叶小乔木，高可达 8 m。树冠球形或半球形。树皮灰色或灰褐色。叶椭圆形至卵圆形，边缘具钝锯齿。伞房花序由 3～7 朵花组成，花白色带红晕。果以扁球形为主，有的品种为倒卵状圆筒形，成熟时颜色、香味因品种而不同。花期 4～5月。果熟期 7～10 月。

生态习性：喜光，喜凉爽、干燥气候。不耐湿热，不耐瘠薄。原产于欧洲中部、东南部，中亚细亚乃至中国新疆；我国最适宜苹果发展的区域为西北黄土高原地区和渤海湾地区。

繁殖方式：嫁接繁殖。

主要用途：庭院、园林绿化，经济林营造。

西府海棠

Malus micromalus Makino

蔷薇科 苹果亚科 苹果属

别　　名：小果海棠，海红。

形态特征：落叶小乔木，高可达5 m。树干及主枝直立，树冠呈倒扫帚形。小枝圆柱形，紫红色或暗紫色。叶椭圆形或长椭圆形，先端急尖，边缘具尖锐锯齿。伞形总状花序，花白色、粉红色及玫瑰红色。梨果，扁球形，熟时红色或黄色。花期4～5月。果熟期8～9月。

生态习性：喜光，耐寒，耐干旱瘠薄，较耐盐碱。适生于我国华北、西北及辽宁、云南等地，以华北地区栽植最多。

繁殖方式：种子、嫁接、压条、扦插繁殖。

主要用途：是著名的观花、观果树种。广泛用于园林、庭院、路旁绿化，亦可作苹果砧木。

垂丝海棠

Malus halliana Koehne

蔷薇科　苹果亚科　苹果属

　　形态特征：落叶小乔木，高可达 5 m。树冠松散开展。叶卵圆形至长卵圆形，全缘或有细锯齿，叶柄常带紫红色。花 4 ~ 7 朵簇生于小枝端，粉红色；花梗细长而下垂，紫色。果球形，紫红色。花期 4 月。果熟期 9 ~ 10 月。

　　生态习性：喜光，较耐阴。喜温暖湿润气候，较耐寒。耐干旱瘠薄，忌涝。原产于我国西南及华东地区，现全国各地广为栽培。

　　繁殖方式：种子、嫁接、压条、扦插繁殖。

　　主要用途：园林、庭院绿化，作苹果砧木。

北美海棠

Malus micromalus
cv. 'American'

蔷薇科　苹果亚科　苹果属

形态特征：品种繁多。落叶小乔木，高可达 7 m。树冠圆球状。新干棕红色或黄绿色，老干灰棕色，有光泽。叶椭圆形或长椭圆形，先端急尖，边缘具尖锐锯齿。伞形总状花序，花白色、粉色、红色、鲜红色。梨果，扁球形，熟时鲜红色，有的宿存枝头至翌年 1 月。花期 4～5 月。果熟期 8～9 月。

生态习性：喜光，耐寒，耐干旱瘠薄，较耐盐碱，适应性强。原产于亚洲，我国华北、东北、西北、华中、华东等区域均可栽培。

繁殖方式：嫁接、压条、扦插繁殖。

主要用途：著名的观花、观果树种。用于园林、庭院绿化。

杏

Armeniaca vulgaris
Lam.

蔷薇科 李亚科 杏属

别　　名：杏树，北梅。

形态特征：变种、品种繁多。落叶乔木，高可达 10 m。树冠圆球形或扁球形。树皮暗灰褐色，浅纵裂。小枝红褐色。单叶互生，卵圆形至近圆形，先端突尖或渐尖，边缘具尖锐锯齿，叶柄常带红色。花多单生，先于叶开放，白色或微红。果球形或倒卵形，熟时多呈黄色，常带红晕。花期 3 月。果熟期 6～7 月。

生态习性：喜光，耐寒，耐干旱瘠薄，耐轻度盐碱。忌涝。原产于我国，华北、东北、西北、西南广泛栽培，尤以华北栽培最多，是"黄三角"的乡土树种。

繁殖方式：种子、嫁接繁殖。

主要用途：经济林营建，庭院绿化，温室栽培。

李

Prunus salicina Lindl.

蔷薇科 李亚科 李属

别　　名：李子树。

形态特征：变种、品种繁多。落叶乔木，高可达 12 m。树冠圆球形。树皮灰褐色，粗糙。单叶互生，倒卵状椭圆形，先端突尖或渐尖，边缘具细锯齿且微上卷。花白色，通常 3 朵簇生，先于叶开放。果近球形，具 1 纵沟，熟时绿色、黄色或紫红色，被白粉。花期 4～5 月。果熟期 7～8 月。

生态习性：适应性强，耐寒，耐干旱瘠薄，耐轻度盐碱，忌涝。原产于我国，东北南部、华北、华东及华中等地广为栽培。

繁殖方式：种子、嫁接繁殖。

主要用途：经济林营建，庭院绿化。

杏　梅

Armeniaca mume
var. *bungo* Makino

蔷薇科　李亚科　杏属

别　　名：洋梅。

形态特征：落叶小乔木。是杏或山杏与梅的杂交种。其枝叶与杏的枝叶相似；花多为复瓣，水红色，无香味；核果近球形，味酸。

生态习性：适应性强，对土壤、气候要求不严，具有较强的抗寒性，病虫害较少。适生于我国黄河流域及其以南地区。

繁殖方式：嫁接、种子繁殖。

主要用途：园林、庭院绿化。

紫叶李

Prunus cerasifera f. *atropurpurea* (Jacq.) Rehd.

蔷薇科 李亚科 李属

别　　名：红叶李，樱桃李。

形态特征：落叶小乔木，高可达 8 m。树冠球形或卵形。树皮紫灰色。叶卵圆形或倒卵圆形，紫红色，边缘具重锯齿。花小，淡粉红色至白色。果近球形，熟时呈紫红色或深红色，被白粉。花期 4 ～ 5 月。果熟期 7 月。

生态习性：喜光，喜温暖湿润气候。对土壤要求不严，耐轻度盐碱。不耐严寒，不耐水湿。原产于欧洲西部，我国东北南部、华北、华东及华中等地广为栽培。

繁殖方式：嫁接、压条繁殖。

主要用途：园林、四旁绿化。

紫叶矮樱

Prunus × cistena
Pissardii

蔷薇科　李亚科　李属

形态特征： 系紫叶李与矮樱的杂交种。落叶小乔木，高可达 3 m。枝条幼时紫红色。单叶互生，长卵圆形或卵状长椭圆形，先端渐尖，边缘有不整齐的细锯齿，薄革质，紫红色，有光泽。花淡粉红色，花瓣 5，花期 4～5 月。果球形，熟时紫红色。

生态习性： 喜光，喜温暖湿润气候。耐寒，耐阴，耐旱。对土壤要求不严，耐轻度盐碱。原产于美国，我国东北南部、华北、华东及华中各地广泛栽培。

繁殖方式： 扦插、嫁接繁殖。

主要用途： 园林、庭院、四旁绿化。

桃

Amygdalus persica L.

蔷薇科 李亚科 桃属

别　　名：桃树。

形态特征：变种、品种繁多。落叶小乔木，高可达8 m。树冠半球形。树皮暗红褐色。叶卵状披针形，边缘具锯齿。单花，粉红色，先于叶或与叶同时开放。果卵形、球形或扁球形，被密短绒毛，稀无毛。花期4～5月。果熟期6～11月。

生态习性：喜光，喜温暖，喜干燥，稍耐寒，不耐水湿。原产于我国中、西部，现全国各地普遍栽培，是"黄三角"的乡土树种。

繁殖方式：播种、嫁接繁殖。

主要用途：经济林营建，庭院、园林绿化。

红碧桃

Amygdalus persica 'rubro-plena'　蔷薇科　李亚科　桃属

形态特征：系桃树的栽培变种，其基本形态特征与桃树相似。特点是：花红色或粉红色，复瓣；果实小，无食用价值。

生态习性：同桃树（见 098 页）。

繁殖方式：嫁接繁殖。

主要用途：园林、庭院绿化。

紫叶桃

Amygdalus persica var. *persica* f. *atropurpurea* Schneid.

蔷薇科　李亚科　桃属

别　　名：紫叶碧桃。

形态特征：系桃树的变种，其基本形态特征与桃树相似。特点是：嫩叶紫红色，后渐变为紫色或近绿色；花有单瓣、重瓣，花色有红色、粉红色；果实小，无食用价值。

生态习性：同桃树（见098页）。

繁殖方式：嫁接繁殖。

主要用途：园林、庭院绿化。

花碧桃

Amygdalus persica 'Versicolor'

蔷薇科　李亚科　桃属

形态特征：系桃树的栽培品种，其基本形态特征与桃树相似。特点是：在同一树上有粉红色、白色以及二者相间的花朵，花重瓣，密生；果实小，无食用价值。

生态习性、繁殖方式、主要用途：同红碧桃（见 099 页）。

菊花桃

Amygdalus persica var. *persica* cv. 'juhuatao'

蔷薇科 李亚科 桃属

形态特征：系桃树的品种，其基本形态特征与桃树相似。

特点是：花桃红色，重瓣，花瓣细长而密生，形似菊花（故名"菊花桃"）；果实小，无食用价值。

生态习性、繁殖方式、主要用途：同红碧桃（见099页）。

白碧桃

Amygdalus persica var. *persica* f. *albo-plane*

蔷薇科　李亚科　桃属

形态特征：系桃树的变种，其基本形态特征与桃树相似。特点是：花白色，重瓣；果实小，无食用价值。

生态习性：同桃树（见 098 页）。

繁殖方式：嫁接繁殖。

主要用途：园林、庭院绿化。

帚 桃

Amygdalus persica var. *persica* f. *pyramidalis* Dipp.

蔷薇科 李亚科 桃属

别　　名：照手桃，龙柱碧桃。

形态特征：系桃树的变型。落叶小乔木，高可达 5 m。枝条直立，分枝角度小，树冠窄塔形或窄圆锥形，整个树形似扫帚，故名"帚桃"。花粉红色，复瓣，花瓣数22 左右，花径 4 ～ 5 cm。花期 4 月。

生态习性：同桃树（见 098 页）。原产于日本，1998 年引进我国。

繁殖方式：嫁接繁殖。

主要用途：园林、庭院、道路绿化。

榆叶梅

Prunus triloba
Lindl.

蔷薇科 李亚科 李属

别　　名：榆梅，小桃红，鸾枝梅。

形态特征：落叶灌木。树皮深紫褐色，浅裂或呈皱皮状剥落。树形多开展，常有刺状短枝。叶宽椭圆形至倒卵圆形，边缘具重锯齿，先端渐尖或突尖，常 3 裂。品种多，花粉红色或近白色，单瓣或重瓣，密生。因其叶似榆，花如梅，故名"榆叶梅"。核果球形，熟时红色。花期 4 月。果熟期 7 月。

生态习性：喜光，不耐阴。耐寒，不耐涝。耐轻度盐碱。抗病虫害和空气污染能力强。原产于我国河北、山东、山西和浙江等省，现全国普遍栽培。

繁殖方式：播种、分株、嫁接繁殖。

主要用途：园林、庭院、路旁绿化。

美人梅

Prunus blireana
cv. 'Meiren'

蔷薇科　李亚科　李属

形态特征：该品种是紫叶李与梅的杂交种。落叶小乔木或灌木。枝叶似紫叶李，花似梅。花半重瓣或重瓣，粉红色，花梗约 1 cm，先于叶开放。果球形，熟时紫红色，花期 4 月。

生态习性：对气候、土壤适应性强，耐轻度盐碱。不耐阴，不耐水湿。1987 年由美国加州引入我国，现全国各地普遍栽培。

繁殖方式：嫁接、压条繁殖。

主要用途：园林、庭院、路旁绿化。

樱 花

Prunus serrulata lindl.

蔷薇科　李亚科　李属

别　　名：山樱花，福岛樱，青肤樱。

形态特征：品种繁多。落叶乔木，高可达 5 m。树冠近球形。树皮暗栗褐色，光滑。叶卵圆形至卵状椭圆形，先端尾状，边缘具尖锐重锯齿。花与叶同时开放。伞房状或总状花序由 3 ～ 5 朵花组成。花白色或粉红色。核果，球形，初呈红色，熟时紫褐色。花期 4 ～ 5 月。果熟期 7 月。

生态习性：喜光，喜温暖湿润气候。较耐寒，不耐盐碱，不耐涝。对烟尘、有害气体抗性弱。原产于我国长江流域，现东北南部、华北以及朝鲜、日本均有分布。

繁殖方式：嫁接繁殖。

主要用途：园林、庭院、行道绿化。

樱桃

Prunus pseudocerasus Lindl.

蔷薇科 李亚科 李属

别　　名：荆桃，含桃，朱樱，莺桃。

形态特征：品种繁多。落叶小乔木，高可达8 m。叶卵圆形至卵状椭圆形，先端锐尖，基部圆形，边缘具大小不等的重锯齿，伞状花序或有梗的总状花序。花白色或粉红色，3～6朵簇生，先于叶开放。核果近球形，熟时鲜红色或橘红色。花期3～4月。果熟期5～6月。

生态习性：喜光，不耐阴。喜温暖湿润气候。抗旱，耐寒。抗病虫害和空气污染能力强。原产于我国中部，黄河流域和长江流域均有栽培。

繁殖方式：播种、嫁接繁殖。

主要用途：经济林营建，温室栽培，庭院绿化。

粉花绣线菊

Spiraea japonica
Linn.

蔷薇科　绣线菊亚科
绣线菊属

别　　名：日本绣线菊。

形态特征：落叶灌木。枝条细长，开展，小枝紫红色。叶卵状椭圆形，先端急尖或渐尖，边缘具缺刻状重锯齿或单锯齿。复伞房花序生于当年生的枝顶端，花粉红色，花小，花朵密集，花期6～7月。

生态习性：喜光，稍耐阴。耐寒，耐旱，稍耐盐碱。原产于日本，我国华北、华东等地均有栽培。

繁殖方式：分株、扦插、播种繁殖。

主要用途：园林、路旁绿化。

三裂绣线菊

Spiraea trilobata L.

蔷薇科　绣线菊亚科
绣线菊属

别　　名：三桠绣球，团叶绣球。

形态特征：落叶灌木。枝条细长，开展，呈之字形曲折。叶近圆形，先端钝，常3裂，中部以上具少数圆钝齿。伞形花序具总梗，有花15～30朵，花白色，花期5～6月。

生态习性：喜光，稍耐阴。耐寒，耐旱。产于长江流域及其以北地区。

繁殖方式：分株、扦插、播种繁殖。

主要用途：园林、路旁绿化。

珍珠梅

Sorbaria sorbifolia
(L.) A. Br.

蔷薇科　绣线菊亚科
珍珠梅属

别　名：华北珍珠梅。

形态特征：落叶灌木。奇数羽状复叶，小叶 11～19 枚，对生，披针形至卵状披针形，先端渐尖，边缘具尖锐锯齿。顶生大型密集圆锥花序，花小，白色。花期 6～7 月。

生态习性：喜光又耐阴，耐寒。性强健，不择土壤。萌蘖性强，耐修剪。适生于我国华北、西北、内蒙古等广大地区，其中以华北最为习见。

繁殖方式：分株、扦插、播种繁殖。

主要用途：园林、路旁绿化。

平枝枸子

Cotoneaster horizontalis Dcne.

蔷薇科 李亚科 枸子属

别　　名：铺地蜈蚣。

形态特征：落叶或半常绿匍匐灌木。枝条水平开展，呈整齐二列，宛如蜈蚣，故名"铺地蜈蚣"。叶近圆形至倒卵圆形，先端急尖，暗绿色。花粉红色，几无梗。果近球形，熟时鲜红色。花期5～6月。果熟期9～10月。

生态习性：喜光，喜温暖，稍耐寒，耐瘠薄。适应性强。耐修剪。萌芽力强。原产于湖北及四川山地，现华北及其以南地区广泛栽培。

繁殖方式：扦插、播种、压条繁殖。

主要用途：园林、路旁绿化，盆景制作。

花枝

果实

合 欢

Albizia julibrissin Durazz.

豆科 含羞草亚科 合欢属

果实

别　　名：芙蓉树，夜合树，马缨花，绒花树。

形态特征：落叶乔木，高可达 16 m。树冠扁球形或伞状。树皮褐灰色。枝条开展，树冠常偏斜。2 回偶数羽状复叶，4 ~ 12 对小羽片，每小羽片具 10 ~ 30 对小叶；小叶对生，全缘，昼开夜合（故名"夜合树"）。头状花序伞房状排列，簇结成球。花粉红色，花丝外伸，细长如绒丝。花期 6 ~ 7 月。荚果，扁平带状。果熟期 8 ~ 10 月。

生态习性：喜光。耐干旱瘠薄，稍耐盐碱，较耐寒，不耐涝。抗空气污染能力强。黄河、长江、珠江等流域及西南、西北等地均有栽培，其中以华北栽培最为普遍。

繁殖方式：播种繁殖。

主要用途：园林、庭院、四旁绿化。

皂 荚

Gleditsia sinensis Lam.

豆科 云实亚科 皂荚属

别　　名：皂荚树，皂角。

形态特征：落叶乔木，高可达 30 m。树冠扁球形或广卵形。树皮灰黑色，浅纵裂。树干及大枝着生圆锥状刺，常分枝。1 回偶数羽状复叶；小叶 6～14 枚，互生，卵状披针形、长卵圆形或长椭圆形，边缘具细锯齿。荚果，较肥厚，平直，长 12～30 cm。花期 5～6 月。果熟期 9～10 月。

生态习性：喜光，稍耐阴。耐寒，耐旱，耐轻度盐碱，抗空气污染能力强。生长缓慢，寿命较长。主产于我国黄河流域及其以南各省区。

繁殖方式：种子繁殖。

主要用途：园林、庭院、行道绿化。果汁可制肥皂，护洗丝织品不损光泽。

花序

果实

枝刺

山皂荚

Gleditsia japonica Miq.

豆科 云实亚科 皂荚属

别　　名：日本皂荚。

形态特征：落叶乔木，高可达 25 m。树冠广卵形。树皮深灰褐色，纵裂。枝刺略扁，常分枝。1 至 2 回偶数羽状复叶；小叶卵状长椭圆形，边缘具细锯齿，少全缘。荚果薄而扭曲或为镰刀状，长 18 ～ 30 cm。花期 5 ～ 6 月。果熟期 10 ～ 11 月。

生态习性：喜光，稍耐阴。耐寒，耐旱，耐轻度盐碱。抗空气污染能力强。生长缓慢，寿命较长。适生于我国东北南部、华北、华东等地，日本、朝鲜有分布。

繁殖方式：种子繁殖。

主要用途：园林、庭院、行道绿化。

果实

枝刺

国 槐 *Sophora japonica* L.

豆科　蝶形花亚科　槐属

别　　名：槐树，家槐。

形态特征：落叶乔木，高可达 25 m。树冠球形。树皮灰褐色，浅裂。小枝绿色，皮孔明显。奇数羽状复叶；小叶 7 ～ 17 枚，互生，卵状椭圆形，全缘。顶生圆锥花序，花黄白色，蝶形。花期 7 ～ 8 月。荚果呈念珠状，肉质，10 月成熟。

生态习性：喜光，稍耐阴。耐干旱瘠薄。对土壤要求不严，耐轻度盐碱。忌涝。抗空气污染能力强。寿命长。广饶县李鹊镇张郭二村一国槐，树龄 1000 余年，仍枝繁叶茂、正常结实。原产于中国。我国南北各地均有栽培，其中尤以华北平原及黄土高原栽培最盛，是"黄三角"的乡土树种。

繁殖方式：播种繁殖。

主要用途：园林、庭院、四旁绿化，防护林营建。

果实

五叶槐

Sophora japonica
f. *oligophylla* Franch.

豆科 蝶形花亚科 槐属

别　　名：蝴蝶槐。

形态特征：系国槐的变型，其基本形态特征与国槐相似。特点是：小叶 3～5 枚连生，顶生小叶常 3 裂，侧生小叶下部常有大裂片，形似飞翔的蝴蝶，故名"蝴蝶槐"。

枝叶

生态习性：同国槐（见116 页）。

繁殖方式：嫁接繁殖。

主要用途：园林、庭院、四旁绿化。

金枝国槐

Sophora japonica
cv. 'Golden Stem'

豆科　蝶形花亚科　槐属

别　　名：黄金槐。

形态特征：系国槐的品种，其基本形态特征与国槐相似。特点是：发芽早，幼芽及嫩叶淡黄色，5月上旬变为绿黄色，秋季又变为金黄色。每年11月至翌年5月，其枝干呈金黄色，因此得名。

生态习性：耐寒，耐干旱瘠薄，耐轻度盐碱，不耐水湿。耐烟尘能力强，对二氧化硫、氯气、氯化氢等有毒气体有较强的抗性。原产于黄河中、下游，现华北、西北等地广泛栽培。

繁殖方式：嫁接繁殖，可高接换头和根际嫁接。

主要用途：园林、行道、庭院绿化。

夏景　　秋景

金叶国槐

Sophora japonica
cv. 'Jin ye'

豆科 蝶形花亚科 槐属

形态特征：系国槐的品种，其基本形态特征与国槐相似。特点是：春季萌发的新叶及后期长出的新叶，在生长期的前4个月均为金黄色；生长后期及树冠下部见光少的老叶呈淡绿色。所以，其树冠在8月前为金黄色；在8月后，上半部为金黄色，下半部为淡绿色。落叶后枝条半黄半绿，向阳面为黄色，背阴面为淡绿色。侧枝有自然下垂性，高枝嫁接的金叶国槐，具有类似于龙爪槐的丰满树冠。

生态习性：喜光 。对土壤要求不严，在酸性、中性、微碱性土壤中均能正常生长。耐干旱，耐寒冷。忌涝。对二氧化硫、硫化氢等有毒气体抗性强。适生区域广泛，华北、华南地区和西北、东北的局部均可栽培。

繁殖方式：嫁接繁殖。

主要用途：园林、四旁绿化。

龙爪槐

Sophora japonica
f. *pendula* Hort.

豆科　蝶形花亚科　槐属

别　　名：垂槐，倒垂槐，盘槐。

形态特征：系国槐的变型，其基本形态特征与国槐相似。特点是：枝条全部拱曲下垂，树冠呈伞形。

生态习性：同国槐（见 116 页）。

繁殖方式：嫁接繁殖。

主要用途：园林、庭院、四旁绿化。

刺 槐

Robinia pseudoacacia L.

豆科 蝶形花亚科 刺槐属

别　　名：洋槐，墨西哥槐，德国槐。

形态特征：落叶乔木，高可达 25 m。树冠倒卵形。树皮灰褐色，纵裂。枝条有托叶刺，扁而硬，呈三角形。奇数羽状复叶；小叶 7 ～ 25 枚，互生，椭圆形或卵圆形，叶面光滑，全缘。总状花序腋生，蝶形花，白色，味清香。荚果扁平，种子肾形。花期 5 月。果熟期 10 ～ 11 月。

生态习性：强阳性树种。耐寒，耐干旱瘠薄，耐中度盐碱。浅根性，侧根发达，抗风性差，萌蘖力强。生长迅速，寿命短。抗烟尘能力强，忌涝。原产于北美，18 世纪末从欧洲引入我国青岛，现辽宁以南各省均有栽培，其中以黄淮流域最为习见。

果实

繁殖方式：以种子繁殖为主，亦可根蘖繁殖。

主要用途：园林、四旁绿化、防护林、饲料林、用材林营造。是"黄三角"地区主要的蜜源树种和成功的引进树种。

香花槐

Robinia pseudoacacia
cv. 'Idaho'

豆科　蝶形花亚科　刺槐属

别　　名：富贵树，五七香花槐。

形态特征：落叶乔木，高可达 15 m。树皮灰褐色，光滑。奇数羽状复叶，小叶 7～11 枚，互生，椭圆形或卵圆形，光滑，鲜绿色。总状花序腋生，蝶形花，粉红色或紫红色，芳香。每年 5 月、7 月两次开花。无荚果，不结种子。

生态习性：强阳性树种。耐干旱瘠薄，耐寒，耐轻度盐碱。浅根性，侧根发达，萌蘖力强。生长快，寿命短。抗烟尘能力强。忌涝。原产于西班牙，近几年引入我国，在我国南北各地均表现良好。

繁殖方式：扦插、嫁接、根蘖繁殖。

主要用途：园林、行道绿化，防护林营建。

锦鸡儿

Caragan sinica
(Buchoz) Rehd.

豆科　蝶形花亚科
锦鸡儿属

别　　名：柠条，黄雀花，黄棘。

形态特征：落叶丛生灌木，高 1～2 m。树皮深褐色，小枝有棱，具针刺。小叶 2 对，羽状，有时假掌状，上部 1 对常较下部的为大，倒卵圆形或倒卵状长圆形，长 10～35 mm，宽 5～15 mm，先端圆钝或微凹。蝶形花，黄色，常带红晕，花梗长约 10 mm。花期 4～6 月。荚果，果熟期 7～8 月。

生态习性：适应性强。

喜光，较耐阴，耐寒，耐干旱瘠薄，忌涝。萌蘖力强，能自播繁衍。广泛分布于长江流域、华北地区及东北、西北沙化地区。

繁殖方式：播种、扦插、分株、压条繁殖。

主要用途：园林、林荫路绿化，防护林营建，盆景制作。

紫穗槐

Amorpha fruticosa L.

豆科 蝶形花亚科
紫穗槐属

果实　花序

别　　名：棉槐。

形态特征：落叶丛生灌木。枝叶繁密，枝条直伸。小枝灰褐色，有凸起锈色皮孔，幼时密被柔毛。奇数羽状复叶，小叶11～29枚，长椭圆形或卵状矩圆形，全缘。总状花序直立，1个或几个花序簇生于枝端；花紫色，雄蕊花药黄色，伸出旗瓣之外，甚明显。荚果下垂，熟时黄褐色。花期5～6月。果熟期8～9月。

生态习性：性强健，适应性强。耐寒，耐干旱瘠薄，耐水湿，耐盐碱，抗风沙。萌蘖力强，病虫害少。原产于北美，我国南北各地广泛栽培。

繁殖方式：播种、分株繁殖。

主要用途：营造防风固沙林、护坡林。是盐碱地绿化的先锋树种。枝条可编制。叶量大且富含粗蛋白、维生素等，是优良饲料。

紫 藤

Wisteria sinensis Sweet　豆科　蝶形花亚科　紫藤属

花序

果实

别　　名：藤萝，朱藤。

形态特征：落叶攀援性大型藤本植物。茎皮深灰色，不裂。小枝细长柔软。奇数羽状复叶，小叶 7～13 枚，卵状长椭圆形至卵状披针形，全缘。花淡紫色或蓝紫色，稍有香味；常多数集生成下垂的总状花序。荚果扁，长条形，密被绒毛。花期 4～5 月。果熟期 7～8 月。

生态习性：适应性强。喜光，也耐阴，耐寒，耐干旱瘠薄，耐水湿，耐轻度盐碱。对二氧化硫、氯气等有毒气体抗性较强。原产于我国中部，现全国各地广泛栽培。

繁殖方式：播种、扦插、压条、分株繁殖。

主要用途：园林、庭院绿化，门廊、亭廊、棚架绿化。

白花三叶草

Trifolium repens L.

豆科 蝶形花亚科
车轴草属

别　　名：白车轴草，白三叶。

形态特征：多年生常绿或半常绿草本。匍匐茎。叶自根茎或匍匐茎节长出，掌状3出复叶；小叶倒卵圆形或倒阔椭圆形，顶端圆或微凹，边缘具细锯齿，中部有白色条纹。总状花序，由20～40朵小花密集成头状；花白色或淡粉红色。花期4～6月。

生态习性：耐寒，耐热，耐旱。喜光，也耐半阴。耐践踏，再生能力强。稍耐盐碱。原产于欧洲，我国南北各地多有栽培。

繁殖方式：播种、分株繁殖。

主要用途：地被、护坡、草坪绿化，是优良牧草，亦有蜜源和药用价值。

紫 荆

Cercis chinensis
Bunge

豆科 云实亚科 紫荆属

果实

别　　名：满条红，紫株。

形态特征：落叶灌木或小乔木。树干直立丛生。树皮灰色，皮孔细点状，密生。单叶互生，近圆形，先端急尖，基部心形，全缘。花先于叶开放，紫红色，4～10朵簇生于老枝上。荚果条形，扁平，长5～14 cm，熟时深棕褐色。花期4～5月。果熟期8～9月。

生态习性：喜光，不耐阴，耐干旱瘠薄，不耐水湿，耐轻度盐碱，萌蘖力强。原产于我国，适生于黄河流域及其以南广大地区。

繁殖方式：播种、根蘖、扦插、压条繁殖。

主要用途：园林、庭院、路旁绿化。

巨紫荆

Cercis gigantean
Cheng et Keng f.

豆科 云实亚科 紫荆属

别　　名：天目紫荆。

形态特征：落叶乔木，高可达 20 m。树皮灰褐色，平滑。2～3 年生枝褐绿色。叶近圆形，先端短尖，基部心形。花 7～14 朵簇生于老枝上，紫红色至淡红色。荚果条状，扁平，先端渐尖，长 6～14 cm，紫红色。花期 4 月。果熟期 10～11 月。

生态习性：喜光，喜温湿气候，较耐寒。原产于浙江天目山一带，现长江流域、华中、华北、华南等地均有栽培。

繁殖方式：播种繁殖。

主要用途：园林、庭院、行道绿化。

果实

膀 胱 豆

Colutea delavayi
Franch.

豆科 鱼鳔槐属

别　　名：鱼鳔槐。

形态特征：落叶灌木，丛生，铺散。羽状复叶，小叶 17 ～ 25 枚，对生，椭圆形，淡绿色。总状花序，腋生，花蝶形，黄色至红褐色。荚果膨大似鱼鳔。

生态习性：性耐寒，喜干燥、避风、向阳、排水良好之地。原产于南欧地中海沿岸，辽宁、北京、山东、山西、江苏等地均有栽培。

繁殖方式：播种、扦插繁殖。

主要用途：路旁、地被绿化。

果实

花 椒

Zanthoxylum bungeanum Maxim.

芸香科 花椒属

形态特征： 落叶灌木或小乔木。枝有宽扁而尖锐皮刺。羽状复叶，小叶 5～11 枚，卵圆形或卵状椭圆形，先端尖，边缘具细钝锯齿。聚伞状圆锥花序顶生，花黄绿色。果球形，熟时红色或紫红色，密生疣状腺体。花期 5～6 月。果熟期 7～9 月。

生态习性： 喜光，不耐阴，不耐涝。对土壤要求不严。生长缓慢，萌蘖性强。我国南北各地广泛分布，其中以华北地区栽培最多。

繁殖方式： 以播种繁殖为主，亦可扦插、分株繁殖。

主要用途： 防护绿篱，庭院绿化，经济林、水土保持林营造，是重要的香料植物。

花序

果实

金　橘

Fortunella margarita
(Lour.) Swingle

芸香科　柑橘亚科　金柑属

别　名:
金柑, 金枣, 金弹, 金丹。

生态特征:
常绿灌木或小乔木, 多分枝, 高可达 3 m。复叶, 小叶披针形或矩圆形, 两端渐尖, 表面深绿色, 有光泽。柑果小, 径2.5～3.5 cm, 表面光滑, 有许多腺点, 有香味, 可食。

生态习性:
喜阳光, 喜温暖湿润环境。不耐寒, 稍耐阴, 耐旱。原产于我国南部, 长江流域可露地栽培, 华北地区为盆栽。

繁殖方式:
嫁接繁殖。

主要用途:
在"黄三角"为盆栽观赏。

枸 橘

Poncirus trifoliate (L.) Raf.

芸香科 枸橘属

别　名：枳。

形态特征：落叶灌木或小乔木，高可达 4 m。枝绿色，扭曲生长，有扁平而粗壮的枝刺。3 出羽状复叶，总叶柄有翅；小叶卵状椭圆形，革质，无柄，边缘有浅齿。花白色，叶前开放。柑果，熟时暗黄色，有香味，不可食。花期 4 月。果熟期 10 月。

生态习性：喜光，稍耐阴。喜温暖湿润气候，耐寒性差。喜微酸性土壤，不耐盐碱，耐修剪。原产于我国中部地区，现全国南北各地均有栽培。

繁殖方式：以播种繁殖为主，亦可扦插、分根繁殖。

主要用途：用作防护绿篱，橘类砧木，果入药。

臭 椿

Ailanthus altissima
(Mill.) Swingle

苦木科　臭椿属

别　　名：椿树，樗树。

形态特征：落叶乔木，高可达 30 m。树冠扁球形或伞形。树干通直。树皮灰色至灰黑色，平滑，稍有浅裂纹，皮孔点状，密生。奇数羽状复叶，小叶 13 ～ 25 枚，卵状披针形，全缘或近波状，互生或近对生。顶生圆锥花序，花黄绿色，具恶臭味。翅果扁平，长卵圆形，初黄绿色，熟时黄褐色。花期 5 ～ 6 月。果熟期 9 ～ 10 月。

生态习性：喜光，耐寒，耐瘠薄，耐中度盐碱，不耐阴，不耐水湿。萌蘖力强。深根性。对烟尘、氟化氢、二氧化硫抗性强。原产于我国北部，现东北南部、华北、西北及长江流域均有栽培，其中以华北、黄河流域栽培最盛。

繁殖方式：种子、根蘖繁殖。

主要用途：园林、四旁绿化，防护林营造，是重要的抗污染树种。

果实

花序

千头椿

Ailanthus altissima
cv. 'Qiantou'

苦木科　臭椿属

果实

花序

形态特征： 系臭椿的栽培变种，其基本形态特征与臭椿相似。特点是：分枝较多；翅果扁平，成熟前稍带红晕，不结籽或少有结籽。

生态习性： 同臭椿（见 133 页）。

繁殖方式： 根蘖、嫁接繁殖。

主要用途： 园林、庭院、行道绿化。

红叶椿

Ailanthus altissima
cv. 'Hongye'

苦木科 臭椿属

别　　名：红叶臭椿。

形态特征：系臭椿的芽变品种，其基本形态特征与臭椿相似。特点是：叶片春季呈紫红色，夏季渐变为暗绿色；只开花不结果。花期 5 月。

生态习性：同臭椿（见 133 页）。

繁殖方式：嫁接、根插繁殖。

主要用途：园林、四旁绿化。

苦 楝

Melia azedarach L.

楝科 楝属

别　　名：楝树，紫花树，楝枣树。

形态特征：落叶乔木，高可达 20 m。树冠广卵形，宽阔而平顶。树皮暗褐色，浅纵裂。小枝粗壮，皮孔多而明显。2 至 3 回奇数羽状复叶，小叶卵圆形至椭圆形，先端尖，边缘具锯齿。圆锥状复聚伞花序，腋生，花淡紫色，芳香。核果近球形，初绿色，熟时黄色；宿存枝头，经冬不落。花期 5 ～ 6 月。果熟期 10 ～ 11 月。

生态习性：强阳性，不耐阴。较耐盐碱、干旱。不耐寒，尤其是幼树在"黄三角"常因受冻害致使枝条干枯。萌芽力强，生长快。对二氧化硫等有毒气体抗性强，具有杀灭细菌的功能。原产于我国长江流域，现黄河流域至华东、华南广大地区均有栽培，其中以华东地区栽培最多。

繁殖方式：种子繁殖。

主要用途：园林、庭院、行道绿化。

花序、去年的果实

香 椿

Toona sinensis
(A. Juss.) Roem.

楝科 香椿属

别　　名：椿芽树。

形态特征：落叶乔木，高可达 20 m。树干通直，枝条上展。树皮暗褐色，条片状剥落。偶数羽状复叶，小叶 6～10 对，对生，卵状披针形，边缘具疏锯齿，稀全缘；幼叶紫红色，渐变为绿色，具香味。顶生圆锥花序，花白色。蒴果，狭椭圆状球形或近卵形，成熟后呈红褐色。花期 6 月。果熟期 10～11 月。

生态习性：喜光，喜温暖气候，不耐阴。耐湿，耐轻度盐碱，耐干旱瘠薄。萌芽、萌蘖力强。适生于我国东北以南广大地区，以山东、河南、山西、陕西、河北南部栽培最多。

繁殖方式：播种、根蘖繁殖。

主要用途：园林、庭院绿化。幼芽、幼叶可食。

花序

果实

米兰花

Aglaia odorata
Lour.

楝科　米仔兰属

花枝

别　　名：树兰，四季米兰，碎米兰。

形态特征：常绿灌木或小乔木。多分枝。奇数羽状复叶，叶轴具窄翅；小叶 3～5 枚，对生，倒卵圆形至长椭圆形，先端钝，光亮，全缘。圆锥花序顶生或腋生；花小，形似米粒，黄色，花瓣 5，极香，四季开花。

生态习性：喜温暖湿润、阳光充足的环境。不耐寒，稍耐阴，原产于亚洲南部。

繁殖方式：压条、扦插繁殖。

主要用途：在"黄三角"为盆栽观赏、香化居室。

小叶黄杨

Buxus sinica var. *margaritacea* M. Cheng

黄杨科　黄杨属

果实

花、枝、叶

别　　名：瓜子黄杨，豆瓣黄杨，千年矮。

形态特征：常绿灌木。树皮淡灰褐色，浅纵裂。小枝四楞形，被短柔毛。单叶对生，革质，光滑，椭圆形或卵圆形，先端圆或微凹，边缘向下微卷，中脉显著隆起，表面有柔毛，背面无毛。花淡黄绿色，没有花瓣，花期4月。果球形，7～8月成熟。

生态习性：偏阴性树种。稍耐盐碱。不耐干旱瘠薄。耐修剪。对二氧化硫、氯气、硫化氢等有毒气体抗性较强。原产于浙江、江西，现我国南北各地广泛栽培。

繁殖方式：播种、扦插繁殖。

主要用途：园林绿化，绿篱制作。

雀舌黄杨

Buxus bodinieri Levl.

黄杨科　黄杨属

别　　名：细叶黄杨。

形态特征：常绿小灌木。植株较矮，分枝多而密集，成丛。小枝四棱形。叶革质，倒披针形或倒卵状椭圆形，先端钝圆而微凹，表面绿色，光亮，叶柄极短。花小，黄绿色，呈密集短穗状花序，其顶部生一雌花，其余为雄花。蒴果卵形，熟时紫黄色。花期4月。果熟期7月。

生态习性：喜光，稍耐阴。浅根系。对土壤要求不严，稍耐盐碱。耐修剪。耐寒性差。

对氯气抗性强。为中国特有种，适生于长江流域及华南、西南地区。华北地区常见栽培，但遇严寒常受冻害而失绿。

繁殖方式：以扦插繁殖为主，亦可压条繁殖。

主要用途：园林绿化，绿篱制作。

黄栌

Cotinus coggygria Scop.

漆树科 黄栌属

别　　名：红叶。

形态特征：落叶灌木或小乔木，高可达8 m。树冠球形或伞形。树干暗灰褐色，被蜡粉。单叶互生，通常倒卵圆形，先端圆或微凹，全缘；春季、夏季为绿色，秋季渐变为红色。顶生圆锥花序；花小，杂性，黄绿色。果肾形。果序中有许多不育花的紫绿色羽毛状花梗长时间宿存。花期4～5月。果熟期6～7月。

生态习性：喜光，可耐半阴。耐寒，耐干旱瘠薄，耐轻度盐碱，不耐水湿。萌蘖性强。对二氧化硫有较强抗性。广泛分布于黄河流域至长江流域，西南地区也有栽培。

繁殖方式：以播种繁殖为主，亦可压条、根插、分株繁殖。

主要用途：园林、路旁、荒山绿化。

秋景

秋叶

果实、花梗

红叶黄栌　　*Cotinus coggygria* var. *cinerea*　　漆树科　黄栌属

别　　名：红栌。

形态特征：系黄栌的变种，其基本形态特征与黄栌相似。特点是：叶全年呈红色或紫红色，两面有毛，下面尤密。

生态习性、繁殖方式、主要用途：同黄栌（见141页）。

果实、花梗

花序

火炬树

Rhus typhina L.

漆树科　盐肤木属

秋色

别　　名：鹿角漆，火炬漆。

形态特征：落叶小乔木或灌木，高可达 10 m。小枝粗壮，密生灰褐色绒毛。奇数羽状复叶；小叶 11 ～ 31 枚，长椭圆状披针形，先端渐尖，边缘具锯齿，春、夏季为绿色，秋季渐变为鲜红色。雌雄异株或杂性。顶生直立圆锥花序，果（果穗）熟时红色，形似火炬，因此得名。花期 7 ～ 8 月。果熟期 9 ～ 10 月。

生态习性：耐寒，耐干旱瘠薄，耐盐碱，忌水湿。浅根性，生长快。萌蘖性强。原产于北美，华北、西北等地广泛栽培。是良好的水土保持树种，但也是有一定危险性的外来物种。

繁殖方式：以播种繁殖为主，亦可根蘖、分株繁殖。

主要用途：园林、路旁绿化，是荒山、盐碱地绿化的先锋树种。

雌花花序　雄花花序　果实

大叶黄杨

Euonymus japonicus Thunb.

卫矛科 卫矛属

别　　名：冬青，正木，冬青卫矛。

形态特征：常绿灌木。小枝绿色，稍四棱形。叶倒卵状椭圆形，边缘具钝齿，交互对生，革质，表面光滑。腋生聚伞花序，花绿白色。蒴果近球形，熟后4瓣裂，假种皮橘红色。花期5～6月。果熟期9～10月。

生态习性：喜光，喜温暖气候，较耐阴。耐干旱瘠薄，稍耐盐碱，耐修剪，较耐寒。生长较慢，寿命长。对各种有毒气体及烟尘有很强的抗性。原产于日本南部，现我国中部及北部各省普遍栽培。

繁殖方式：以扦插繁殖为主，亦可播种、嫁接、压条繁殖。

主要用途：园林绿化，绿篱、造型制作。

花序　果实

北海道黄杨

Euonymus japonicus
Cu Zhi

卫矛科　卫矛属

别　　名：日本黄杨。

形态特征：常绿灌木或小乔木，高可达 5 m。主干直立，侧枝短，树冠窄。单叶交互对生，卵圆形或长椭圆形，基部全缘，中上部具齿，革质，光亮。聚伞花序，花绿白色。蒴果球形，熟后 4 瓣裂，假种皮橘红色，果熟期 9 ～ 10 月。

生态习性：喜光，不耐阴。耐寒，耐干旱。吸收有毒气体的能力强。原产于日本，我国华北、华东地区均有栽培，生长良好。

繁殖方式：以扦插繁殖为主，亦可播种、嫁接、压条繁殖。

主要用途：园林绿化，绿篱制作。

果实

花序

金边冬青卫矛 | *Euonymus japonicus* var. *aureo-marginatus* Nichols. | 卫矛科 卫矛属

别　　名：金边黄杨。

形态特征：系大叶黄杨的变种，其基本形态特征与大叶黄杨相似。特点是：叶边缘金黄色。

生态习性、繁殖方式、主要用途：同大叶黄杨（见144页）。

银边冬青卫矛

Euonymus japonicus var. *albo-marginatus* T. Moore

卫矛科 卫矛属

别　　名：银边黄杨。

形态特征：系大叶黄杨的变种，其基本形态特征与大叶黄杨相似。特点是：叶边缘有乳白色窄条。

生态习性、繁殖方式、主要用途：同大叶黄杨（见144页）。

金心冬青卫矛 *Euonymus japonicus var. aureo-variegatus* Reg.

卫矛科 卫矛属

别　名：金心黄杨。

形态特征：系大叶黄杨的变种，其基本形态特征与大叶黄杨相似。特点是：叶片上从基部起沿中脉有不规则的金黄色斑块。

生态习性、繁殖方式、主要用途：同大叶黄杨（见144页）。

胶东卫矛

Euonymus kiautschovicus
Loes.

卫矛科   卫矛属

花序   果实

别　　名：攀援丝棉木。

形态特征：直立或蔓性半常绿灌木。基部枝条匍地并生根。叶对生，长圆形、宽倒卵圆形或椭圆形，薄革质，先端渐尖，边缘具粗锯齿，秋末变为黄色至粉红色。聚伞花序，花淡绿色。蒴果扁球形，粉红色，假种皮黄红色。花期8～9月。果熟期9～10月。

生态习性：适应性强，耐阴，耐寒，耐轻度盐碱，耐干旱瘠薄，忌涝。全国各地均有栽培。

繁殖方式：扦插、压条、播种繁殖。

主要用途：园林绿化，绿篱制作。

扶 芳 藤

Euonymus fortunei
(Turcz.) Hand.-Mazz.

卫矛科　卫矛属

形态特征：常绿或半常绿藤本。茎干起初直立生长，以后半直立至匍匐或攀援它物生长，并能随处萌生细根。单叶对生，革质，卵圆形至广椭圆形，边缘有锯齿，通常为绿色，霜冻后变为红褐色。聚伞花序；花绿白色。蒴果近球形，黄红色，种子有橘红色假种皮。花期5～6月。果熟期10月。

生态习性：适应性强。喜光，稍耐阴，喜温暖气候和阴湿环境，耐寒性差，耐干旱瘠薄。原产于日本，在我国主要分布于黄河流域及其以南地区。

繁殖方式：以扦插繁殖为主，亦可播种繁殖。

主要用途：园林绿化地被。

小叶扶芳藤

Euonymns fortunei
var. *radicans* Rehd.

卫矛科　卫矛属

形态特征：常绿藤本。茎匍匐地面或攀援它物生长，不定根多。单叶对生，薄革质，椭圆形，边缘有锯齿，沿主脉有绿白色斑纹，通常为绿色，霜冻后变为红褐色。聚伞花序；花绿白色。蒴果近球形，黄红色，种子有橘红色假种皮。花期6～7月。果熟期10月。

生态习性：适应性强。喜阴湿环境，耐寒，耐干旱瘠薄。分布于黄河流域及其以南地区。

繁殖方式：以扦插繁殖为主，亦可播种繁殖。

主要用途：园林绿化地被。

栓翅卫矛

Euonymus phellomanus
Loes.

卫矛科　卫矛属

秋叶

形态特征：落叶灌木或小乔木，高可达 4 m。枝近四棱，常具 2～4 列木栓翅（有的枝圆，栓翅不明显）。单叶对生，椭圆形或倒卵状椭圆形，先端渐尖，边缘具细锯齿。聚伞花序，花白绿色，花瓣 4，花径约 8 mm。蒴果球形，粉红色，种子有橘红色假种皮。花期 4～5 月。果熟期 9～10 月。

生态习性：适应性强。喜光，耐寒，耐旱，对土壤要求不严。萌蘖力强，耐修剪。河南、陕西、甘肃、四川等地广为栽培。

繁殖方式：播种繁殖。

主要用途：园林、路旁绿化。

果实

木栓翅

花枝

五角枫

Acer mono
Maxim.

槭树科　槭属

别　　名：元宝槭，五角树。

形态特征：落叶乔木，高可达 12 m。树冠近球形。树皮灰黄色，浅纵裂。单叶，掌状 5 裂，裂片先端渐尖，基部多呈截形；嫩叶红色，渐变为绿色，秋季为黄色或红色。顶生伞房花序，花黄绿色。翅果扁平，双翅斜伸，形似元宝。花期 5 月。果熟期 10 月。

生态习性：弱阳性树种，喜温凉湿润气候，较耐寒，稍耐干旱瘠薄，不耐涝。主产于我国华北地区，现东北、内蒙古、江苏、安徽等省均有分布。

繁殖方式：种子、嫁接繁殖。

主要用途：园林、庭院、四旁绿化。作槭属砧木。

果实

秋叶

花序

嫩叶

复叶槭

Acer negundo L.

槭树科　槭属

别　　名：羽叶槭，白蜡槭，梣叶槭。

形态特征：落叶乔木，高可达 20 m。树皮灰褐色，浅裂。小枝光滑，常被蜡粉。奇数羽状复叶；小叶 3～5 枚，对生，卵状椭圆形，长 5～10 cm，宽 3～6 cm，边缘有不规则锯齿，顶部叶片有时 3 裂。花单性，无花瓣。翅果，两翅之间呈锐角。花期 3～4 月。果熟期 9 月。

生态习性：喜光，喜温凉气候，耐寒，耐轻度盐碱，抗烟尘。原产于北美，我国华北、华东、西北地区均有栽培。

繁殖方式：播种繁殖。

主要用途：园林、庭院、道路绿化。

花序

果实

三角槭

Acer buergerianum Miq.

槭树科 槭属

果实

别　　名：三角枫。

形态特征：落叶小乔木，高 5 ～ 10 m。树皮暗褐色，薄条片状剥落。小枝褐色至红褐色，略被白粉。单叶，3 浅裂，裂片前伸，近革质，上面暗绿色，光滑，春、夏季为绿色，秋季变为暗红色。伞房花序顶生，花小，淡黄色。翅果，两翅张开呈锐角，两面突起，熟时绿褐色，微带红色。花期 5 月。果熟期 9 月。

生态习性：弱阳性，稍耐阴。喜温湿气候，较耐寒，较耐水湿。耐修剪，萌芽力强。适生于黄河流域至长江流域，以长江流域栽培较多。

繁殖方式：播种繁殖。

主要用途：园林、庭院、道路绿化。作槭属砧木。

鸡爪槭

Acer palmatum Thunb.

槭树科 槭属

别　　名：鸡爪枫。

形态特征：落叶小乔木，高可达 10 m。树冠扁球形或伞形。干皮灰色，浅裂。枝条纤细、光滑，呈紫色、紫红色或略带灰色。叶掌状 7 深裂，稀 5 裂或 9 裂，裂片呈卵状披针形，边缘具重锯齿。伞房花序顶生，花瓣黄色，有紫晕。翅果，两翅呈钝角，熟前为紫红色，熟时黄色。花期 5 月。果熟期 9～10 月。

生态习性：弱阳性，耐半阴。喜温暖湿润气候。不耐严寒。主产于我国长江流域及其以南地区，现在黄河流域多有栽培。

繁殖方式：播种、嫁接繁殖。

主要用途：园林、庭院绿化。

花序

果实

茶条槭

Acer ginnala
Maxim.

槭树科　槭属

别　　名：茶条，黑枫。

形态特征：落叶小乔木，常低矮分枝呈灌木状。单叶对生，卵状椭圆形，多3裂，中裂片特大，边缘具不规则重锯齿；叶柄及主脉常带紫红色；春、夏季为绿色，秋季变为红褐色。圆锥花序，花黄绿色。翅果，两翅呈锐角，熟前为深粉红色，熟后为淡紫色。花期4～5月。果熟期8～9月。

生态习性：喜光，较耐阴。较抗寒，耐瘠薄。根系发达，萌蘖力强。我国东北、内蒙古、黄河流域及长江流域广泛栽培，朝鲜、日本亦有分布。

繁殖方式：播种、嫁接、分株繁殖。

主要用途：园林、庭院、道路绿化。

花序

果实

秋叶

红 枫

Acer palmatum
cv. 'Atropurpureum'

槭树科 槭属

别　　名：红鸡爪槭。

形态特征：系鸡爪槭的栽培变种，是著名的
观赏树种，其基本形态特征与鸡爪槭相似。特
点是：叶裂较鸡爪槭稍深，先端尾尖；叶片
在春、秋两季为鲜红色，夏季为紫红色。

生
态习性、繁殖
方式、主要用
途：同鸡爪槭
（见156页）。

栾　树

Koelreuteria paniculata Laxm.

无患子科　栾树属

别　　名：北栾，北京栾，灯笼树。

形态特征：落叶乔木，高可达 15 m。树冠近球形。树皮灰褐色，细纵裂。小枝有柔毛，皮孔明显。1 回稀假 2 回（叶片深裂呈复叶状）奇数羽状复叶；每个复叶有小叶 7 ～ 15 枚，长卵圆形或卵圆形，先端尖，边缘具不规则纯锯齿，近基部常有深裂片。顶生大型圆锥花序。花金黄色，中心紫红色。蒴果膨大呈灯笼状圆锥形，顶端尖，具 3 棱，未成熟呈黄绿色，成熟后呈黄白色稀淡黄褐色。种子圆球形，黑色。花期 6 ～ 7 月。果熟期 9 ～ 10 月。

生态习性：喜光，耐半阴。耐寒，耐干旱瘠薄，耐轻度盐碱和短时间水涝。深根性，萌蘖力强。抗空气污染能力强。原产于我国华北地区，现全国各地均有栽培，其中以黄河流域和长江流域栽培最多。

繁殖方式：以种子繁殖为主，亦可根蘖、根插繁殖。

主要用途：行道、庭院、园林绿化。

花序

果实

全缘栾树

Koelreuteria integrifoliola Merr.

无患子科 栾树属

别　　名：南栾，黄山栾，山膀胱。

形态特征：落叶乔木，高可达 20 m。树冠广卵形。小枝棕红色，密生皮孔。多为 2 回奇数羽状复叶；每个复叶有小叶 7～11 枚，近革质，卵状长椭圆形，全缘。顶生大型圆锥花序。花黄色，中心红色。蒴果膨大呈灯笼状球形，顶端平或凹，褐红色，颜色鲜艳。花期 8～9 月。果熟期 10～11 月。

生态习性：喜光，幼树稍耐阴，喜温暖、湿润气候，不耐严寒。耐轻度盐碱。萌芽力强。抗空气污染能力强。原产于长江以南地区，华东地区广泛栽培，华北地区易受冻害。

繁殖方式：以种子繁殖为主，亦可根蘖繁殖。

主要用途：行道、庭院、园林绿化。

果实

花序

文冠果

Xanthoceras sorbifolia
Bunge

无患子科 文冠果属

别　　名：文官果。

形态特征：落叶小乔木或灌木，高可达 8 m。树皮灰褐色。奇数羽状复叶；小叶 9～19 枚，互生，无柄，窄椭圆形至披针形，边缘具锐锯齿。总状花序。花白色，花瓣 5，内侧有由黄变紫红的斑纹。蒴果球形。种子球形，黑褐色。花期 4～5月。果熟期 7～8 月。

生态习性：喜光，稍耐阴。耐寒，耐干旱瘠薄，耐盐碱，不耐涝。深根性，萌芽力强。抗空气污染能力强。原产于中国北部，现华北、西北、长江流域、内蒙古、辽宁等地均有栽培。

繁殖方式：以种子繁殖为主，亦可根插繁殖。

主要用途：园林、庭院、路旁绿化，是我国特有的油料树种。

倒挂金钟

Fuchsia hybrida
Hort. ex Sieb. et Voss.

柳叶菜科　倒挂金钟属

别　　名：灯笼海棠，吊钟花。

形态特征：落叶或常绿小灌木。茎纤弱，枝平展或稍下垂弯曲。叶对生，卵圆形，先端渐尖，边缘有锯齿，光滑。花腋生，具长梗，萼红色，花冠紫红、粉红、橙红或白色等多种颜色。栽培品种很多，花有单瓣、重瓣，花萼、花瓣、花形、花色变化很大。

生态习性：喜温暖、向阳或微阴蔽而通风良好的环境，喜凉爽气候，忌酷暑。要求肥沃而排水良好的沙质土壤。主产于墨西哥、智利、阿根廷。

繁殖方式：扦插、播种繁殖。

主要用途：在"黄三角"为盆栽观赏及保护地栽培。

粉苞酸脚杆

Medinilla magnifica
Lindl.

野牡丹科　酸脚杆属

别　　名：宝莲灯。

形态特征：常绿灌木，高可达 2.5 m。茎有 4 棱或 4 翅。单叶对生，卵圆形或卵状长圆形，长达 30 cm，叶脉显著，无柄，质厚，光亮，浓绿色。窄圆锥状总状花序下垂，长约 45 cm；花序外苞片粉红色；花珊瑚红色，花瓣 5，花丝黄色。

生态习性：喜高温高湿、阳光充足的环境，不耐寒，生长最低温度为 16℃。分布于菲律宾热带雨林中。

繁殖方式：扦插繁殖。

主要用途：在"黄三角"为盆栽观赏及保护地栽培。

鹤望兰

Strelitzia reginae
Aiton

旅人蕉科　鹤望兰属

别　　名：极乐鸟之花，天堂鸟。

形态特征：多年生常绿草本，高 1～2 m。茎不明显。基生叶，具长柄，长椭圆形至卵圆形，长 25～45 cm，宽约 10 cm，革质。花形奇特，色彩鲜艳，苞片由黄、蓝、橙三色相间组成，犹如仙鹤翘首远望，故名"鹤望兰"。花期春夏或

夏秋季。

生态习性：喜温暖湿润，喜阳光。不耐寒，生长适温为 18℃～24℃，越冬温度不低于 5℃。适富含有机质而深厚的黏重土壤。原产于南非。

繁殖方式：播种、分株、芽插繁殖。

主要用途：在"黄三角"为盆栽观赏及保护地栽培。

七叶树

Aesculus chinensis
Bunge

七叶树科　七叶树属

别　　名：梭椤树。

形态特征：落叶乔木，高可达 25 m。枝粗壮，顶芽发达。掌状复叶，小叶通常 7 枚，倒卵状长椭圆形，长 8 ～ 20 cm，先端尖，边缘有细齿。顶生圆锥花序，长 20 ～ 30 cm，花小，白色。花期 5 ～ 6 月。蒴果球形，果壳厚，果熟期 10 月。

生态习性：喜光，可耐半阴。喜温暖湿润气候，喜肥沃深厚土壤，不耐严寒。黄河流域中下游及长江流域多有栽培。

繁殖方式：播种繁殖。

主要用途：园林、庭院、道路绿化。

花序

| 枣 | *Ziziphus jujuba* Mill. | 鼠李科　枣属 |

别　　名：大枣，红枣。

形态特征：落叶乔木，高可达 10 m。树皮灰褐色，条裂。小枝红褐色，光滑，有细长针刺。叶卵状长椭圆形，边缘具细钝锯齿，两面光亮。腋生聚伞花序，花黄绿色。品种多，核果卵形至长椭圆状卵形，熟时暗红色。花期 5 月。果熟期 8～9 月。

生态习性：强阳性树。对气候、土壤适应性较强。耐寒，耐干旱瘠薄，耐盐碱。根系发达，萌蘖力强。寿命长，庆云县后张乡周殷村有一棵唐朝开元年间栽植的枣树，树龄已 1200 余年，结实尚多。原产于中国，我国南北各地均有栽培，尤以华北最为多见，是"黄三角"地区的乡土树种。

繁殖方式：播种、根蘖、嫁接繁殖。

主要用途：经济林营建，园林、庭院绿化，是重要的蜜源植物。

酸 枣

Ziziphus jujuba Mill. var. *spinosa*
(Bunge) Huex H. F. Chow

鼠李科　枣属

别　　名：山枣，野枣棘。

形态特征：落叶灌木或小乔木。其枝、叶、花的形态与枣相似。特点是：植株矮小；叶小而密生；果小，近球形，果肉薄，味酸，核大而光滑。

生态习性：喜光。适应性强，耐干旱瘠薄，耐寒，耐盐碱，忌涝。原产于中国华北，广泛分布于我国北部地区。

繁殖方式：种子繁殖。

主要用途：荒山荒滩绿化，作砧木嫁接大枣。种仁入药，有养肝、宁心、安神、敛汗之功效。

西伯利亚白刺

Nitraria sibirica Pall.

蒺藜科　白刺属

果实

枝叶

别　　名：小果白刺。

形态特征：落叶灌木。多分枝，枝铺散，少直立，小枝灰白色。叶近无柄，在嫩枝上4～6片簇生，倒披针形，长6～15 mm，宽2～5 mm。聚伞花序，长3～30 mm，花瓣黄绿色或近白色。果椭圆状球形或球形，熟时暗红色。花期5～6月。果熟期7～8月。

生态习性：耐干旱瘠薄，耐盐碱，耐沙埋（沙埋能生不定根）。广泛分布于我国各沙漠地区，华北及东北沿海地区也有分布。

繁殖方式：以播种繁殖为主，也可分株、扦插繁殖。

主要用途：作盐碱地、沙区园林绿化地被，营造固坡、固沙林。

葡萄

Vitis vinifera
L.

葡萄科　葡萄属

别　　名：蒲陶，草龙珠。

形态特征：品种繁多。落叶藤本。茎蔓生，具细长卷须。单叶，卵圆形，3～5浅裂，边缘具粗锯齿。圆锥花序，花小，淡黄绿色。浆果，卵形或球形，因品种不同，成熟时呈绿色、紫红色、黄色、红色或黑色。花期5～6月。果熟期8～9月。

生态习性：阳性树种，对光照条件要求较高。抗旱，耐轻度盐碱。忌涝。对各种空气污染抗性强。原产于亚洲西部，我国南北各地均有栽培，其中以黄河流域、长江流域以及西北各省区栽培较多。

繁殖方式：以扦插、压条、嫁接繁殖为主，亦可种子繁殖。

主要用途：果实生产，庭院绿化。

花序

爬山虎

Parthenocissus tricuspidata
(Sieb. et Zucc.) Planch.

葡萄科 爬山虎属

秋叶

果实

别　　名：爬墙虎。

形态特征：落叶藤本。卷须短而多分枝，顶端有吸盘。单叶，3 浅裂，边缘具粗锯齿；春、夏季为绿色，秋季变为红色。花小，黄绿色。浆果球形，熟时蓝黑色，被白粉。花期 6 月。果熟期 9 ～ 10 月。

生态习性：喜光，较耐阴，耐寒，耐旱，耐湿。对土壤要求不严，稍耐盐碱。原产于我国，南北各地广泛栽培。

繁殖方式：扦插、压条、播种繁殖。

主要用途：立体绿化。

五叶地锦

Parthenocissus quinquefolia (L.) Planch.

葡萄科　爬山虎属

果实

秋叶

花序

别　　名：美国地锦。

形态特征：落叶藤本，蔓长可达 20 m。小枝圆柱形，卷须具 5 ～ 12 分枝。掌状复叶；小叶 5 枚，卵状椭圆形，边缘具粗齿，春、夏季为绿色，秋季变为血红色。聚伞花序，花小，黄绿色。浆果球形，蓝黑色。花期 6 ～ 8 月。果熟期 9 ～ 10 月。

生态习性：喜光，耐阴。耐热，耐旱，耐寒。对土壤和气候适应性强。原产于北美，我国各地广泛栽培。

繁殖方式：播种、扦插、压条繁殖。

主要用途：园林地被，立体绿化。

木 槿

Hibiscus syriacus L.

锦葵科 木槿属

果实

形态特征：落叶灌木或小乔木。高可达 4 m。枝叶繁密，树冠卵形。幼枝密被绒毛。叶卵圆形或菱形，先端常 3 裂，边缘具钝齿。花单生，品种繁多，单瓣或重瓣，有紫、红、粉、白等色。蒴果呈卵形。花期 6～9 月。果熟期 9～11 月。

生态习性：适应性强。喜光，耐半阴。耐干旱瘠薄，较耐盐碱。不耐积水。萌蘖力强。对烟尘及有毒气体抗性强。原产于东亚，我国东北南部、华南和西南地区广泛栽培，其中以长江流域栽培最多。

繁殖方式：以扦插繁殖为主，亦可播种、压条繁殖。

主要用途：园林、四旁绿化。

扶 桑

Hibiscus rosa – sinensis L.

锦葵科　木槿属

别　　名：朱槿。

形态特征：常绿灌木，高可达 6 m。叶广卵圆形，长 4～9 cm，先端尖，边缘有锯齿，表面有光泽。花冠漏斗状，雄蕊长出花冠筒；花色多样，多为红、黄、粉色，花梗长 3～5 cm。

生态习性：喜光，喜温暖湿润气候，不耐寒，越冬温度不低于 5℃。原产于中国南部，华南多露地栽培，长江流域及其以北地区需室内越冬。

繁殖方式：扦插繁殖。

主要用途：在"黄三角"为盆栽观赏。

大花秋葵

Hibiscus moscheutos Linn.

锦葵科　木槿属

别　　名：芙蓉葵，大花芙蓉葵，草芙蓉。

形态特征：多年生草本。株高可达 1.5 m。枝干半木质化。叶互生，卵状椭圆形，浅裂或不裂，先端尾尖，边缘具粗锯齿。花形碗状，单生于上部叶腋，直径 15～20 cm；有白、粉、红、紫等色，花期 6～10 月。

生态习性：适应性强。耐寒，耐热，喜湿。对土壤要求不严，耐盐碱。原产于美国，我国华中、华北、华东等地区广泛栽培。

繁殖方式：播种、分株繁殖。

主要用途：园林、庭院、路旁绿化。

锦 葵

Malva sylvestris
L.

锦葵科　锦葵属

别　　名：小熟季花。

形态特征：一、二年生或多年生草本，株高 60 ～ 100 cm。茎直立，多分枝。叶圆心形或肾形，基本心形，边缘浅裂，具长柄。花数朵聚生于叶腋，淡紫红色，花瓣 5，具深紫红色条纹。花期春、夏季。

生态习性：性强健，适应性强。耐寒，耐干旱瘠薄，不择土壤。产于亚洲、欧洲及北美地区，我国南北各地广为栽培。

繁殖方式：播种、分株繁殖。

主要用途：园林、庭院、路旁绿化。

蜀 葵

Althaea rosea
(Linn.) Cavan.

锦葵科 蜀葵属

别　　名：熟季花，一丈红。

形态特征：多年生草本，通常作二年生栽培。茎直立，高可达2.5 m。叶互生，近圆形，基部呈心形，表面有皱褶，5～7浅裂。花大，径约10 cm，对生或簇生于叶腋；花色绚丽，有紫、粉、红、白、黄、黑紫等色；单瓣或重瓣；花药黄色，花期6～8月。

生态习性：适应性强。耐寒，耐干旱瘠薄，耐半阴，耐盐碱，忌涝。原产于我国，华北及其以南地区广泛栽培。

繁殖方式：播种、扦插、分株繁殖。

主要用途：园林、庭院、路旁绿化。

梧 桐

Firmiana simplex
(L.) W. Wight

梧桐科 梧桐属

别　　名：青桐。

形态特征：落叶乔木，高可达 16 m。树冠卵形。主干端直，树皮青绿色或灰绿色，平滑。小枝粗壮，侧枝每年阶状轮生。单叶，3～5 掌状深裂，表面光滑，背面具细绒毛。顶生大型圆锥花序，花淡黄绿色。蓇葖果，膜质。花期 6～7 月。果熟期 9～10 月。

生态习性：喜光，喜温暖湿润气候。不耐严寒，不耐瘠薄，不耐盐碱，忌涝。根系较浅，易遭风害。发芽较晚，落叶较早。原产于我国，全国南北各地均有栽培，尤以长江流域栽培最盛。

繁殖方式：种子繁殖。

主要用途：园林、庭院、四旁绿化。

花序

果实

中国柽柳

Tamarix chinensis Lour.

柽柳科　柽柳属

枝叶

花序

别　　名：红荆条，阴柳，三春柳。

形态特征：落叶灌木或小乔木。树干及老枝灰褐色。枝条纤细，或下垂，红紫色，有光泽。鳞叶，密生，翠绿色。总状花序，花粉红色。花期在夏、秋季，一年可开三次花，故有"三春柳"之名。果熟期 7 ～ 10 月。

生态习性：适应性强。耐寒，耐干旱瘠薄，耐水湿，极耐盐碱，在含盐量 10‰ 的土壤中能正常生长。根系发达，萌芽力强，耐修剪。不耐积水。原产于我国，全国南北各地广泛分布，主要分布于华北、西北、黄河流域。

繁殖方式：以扦插繁殖为主，亦可播种、压条繁殖。

主要用途：既是盐碱地绿化的先锋树种，也是固沙保土的重要树种。园林、道路绿化，盆景、绿篱制作。

甘蒙柽柳

Tamarix austromongolica Nakai.

柽柳科 柽柳属

形态特征：该树种与中国柽柳的基本形态特征相似。特点是：枝条细长，节间长；叶片较为稀疏，绿色淡。

生态习性、主要用途：同中国柽柳（见 178 页）。

繁殖方式：以种子繁殖为主，也可扦插、压条繁殖。

沙枣

Elaeagnus angustifolia L.

胡颓子科　胡颓子属

别　　名：银柳，桂香柳。

形态特征：落叶小乔木。树冠阔卵形。树皮栗褐色至红褐色，有光泽，老皮有时翘裂剥落。小枝具枝刺。嫩枝、叶片银白色。叶矩圆状披针形至狭披针形。花淡黄色。果椭圆状球形，熟时黄褐色至红褐色。花期5月。果熟期8～9月。

生态习性：适应性强。耐寒，耐干旱瘠薄，忌涝，抗风沙，耐盐碱。原产于亚洲中西部，我国主要分布于东北、西北、华北等地的沙地及盐碱地。

繁殖方式：播种、扦插繁殖。

主要用途：既是防风固沙及水土保持的先锋树种，也是盐碱地绿化的重要树种。

花枝

果实

千屈菜

Lythrum salicaria
L.

千屈菜科 千屈菜属

别　　名：水柳，水枝锦。

形态特征：多年生草本，株高达 1.2 m。茎直立，多分枝，四棱。叶对生或轮生，披针形，全缘。穗状花序顶生；花紫红色，花瓣5，密生。花期 7 ～ 9 月。

生态习性：喜强光，喜水湿，亦耐干旱，耐寒。对土壤要求不严。产于亚欧两洲温带湿地，我国北起东北，南至广东、广西均有分布。

繁殖方式：播种、扦插、根蘖繁殖。

主要用途：低洼、水湿环境绿化，亦可作旱地花卉使用。

紫薇

Lagerstoemia indica L.

千屈菜科　紫薇属

别　　名: 百日红，痒痒树，满堂红。

形态特征: 落叶灌木或小乔木，高可达 7 m。树皮灰褐色，光滑。以手抓之，彻顶动摇，故称"痒痒树"。树冠不整齐，枝干多扭曲。叶近对生，革质，几无柄，椭圆形或倒卵状椭圆形，全缘，光亮。圆锥花序顶生；品种繁多，花有淡红、紫红、白色、红色、粉红色等。蒴果近球形。花期 6 ~ 9 月，俗称"百日红"。果熟期 10 ~ 11 月。

生态习性: 喜光，稍耐阴。耐旱，怕涝。萌蘖性强，生长较慢，寿命长。不耐严寒，在"黄三角"幼树易受冻害。适生于我国华中、华东、华北及西南等地区。

繁殖方式: 播种、扦插、分株繁殖。

主要用途: 园林、庭院、四旁绿化。

石 榴

Punica gyanatum L.

石榴科　石榴属

别　　名: 安石榴，海榴。

形态特征: 落叶灌木或小乔木。树冠球形。树皮灰褐色，有瘤状突起。小枝有楞，先端常呈刺状。叶倒卵状长椭圆形，全缘，光亮，在长枝上对生，在短枝上簇生；春、夏为翠绿色，秋季渐变为黄色。花朱红

色。浆果近球形，古铜黄色或古铜红色，具宿存花萼。种子多数，有肉质多浆外种皮，呈鲜红、淡红或白色。花期 5 ~ 6 月。果熟期 9 ~ 10 月。有很多变种，花多呈朱红色，也有白色、黄色、粉红色和玛瑙色等。

生态习性: 喜光，喜温暖气候，不耐严寒。对土壤要求不严，较耐盐碱，忌涝。萌蘖性强。原产于巴尔干半岛至伊朗及其邻近地区，我国黄河流域及其以南地区多有栽培，其中以山东、陕西、安徽、四川等省栽培最盛。在"黄三角"易受冻害。

繁殖方式: 播种、扦插、压条、分株繁殖。

主要用途: 园林、庭院绿化。经济林营造，造型与盆景制作。

月季石榴

Punica granatum
var. *nana* Sweet

石榴科　石榴属

别　　名:
小花石榴，四季石榴。

形态特征:
系石榴的变种，其基本形态特征与石榴相似。特点是：矮生，株高不及 1 m；花、果较小；5～7月陆续开花不绝，故又称"四季石榴"。

生态习性、繁殖方式：同石榴（见 183 页）。

主要用途：园林绿化，绿篱制作。

红瑞木

Cornus alba
L.

山茱萸科　山茱萸属

别　　名：红茎木，凉子木。

形态特征：落叶灌木。枝血红色，初时常被白粉。单叶对生，卵圆形或椭圆形，先端尖，全缘，上面暗绿色，下面淡绿色，秋季变为鲜红色，两面均疏生柔毛。顶生伞房状聚伞花序；花黄白色。核果斜卵形或球形，熟时白色或稍带蓝紫色。花期5～6月。果熟期8～9月。

秋叶

花序　果实

生态习性：喜光，耐寒，耐水湿，耐干旱瘠薄，不择土壤。根系发达。适生于我国东北、西北、华北及长江流域等地区。

繁殖方式：播种、扦插、分株繁殖。

主要用途：园林、路旁绿化。

冬季红瑞木林

| 杜 鹃 | *Rhododendron simsii* Planch. | 杜鹃花科 杜鹃属 |

别　　名：映山红，照山红，野山红。

形态特征：品种繁多。落叶灌木。分枝多，枝叶及梗均密被黄褐色粗伏毛。单叶互生，卵状椭圆形或椭圆状披针形，先端尖，薄纸质。花色多样，有蔷薇色、鲜红色或深红色，2～6朵簇生于枝端。蒴果卵形，密被粗伏毛。花期4～6月。果熟期9～10月。

生态习性：较耐热，不耐寒。对各种土壤适应性强，忌涝。广泛分布于长江流域及其以南地区。

繁殖方式：播种、扦插、压条、嫁接繁殖。

主要用途：在"黄三角"主要为盆栽观赏，有的品种在温暖小气候条件下也可露地越冬。

杜 仲

Eucommia ulmoides Oliver

杜仲科 杜仲属

叶片断裂后丝状胶相连

形态特征：落叶乔木，高可达 20 m。树冠广卵形，树皮灰色。叶卵状椭圆形，长 6～15 cm，先端渐尖、尾尖或突尖，边缘具细齿。雌雄异株，花先于叶开放，无花被。翅果扁平，长椭圆状。树皮、叶、果均有白色丝状胶，断裂后丝状胶相连并有一定弹性，为其识别特点。

生态习性：喜光，稍耐半阴，好温暖湿润，要求深厚肥沃、透气性强的土壤。不耐干旱瘠薄，忌水涝，萌蘖力强。极少病虫害。原产于我国，华中、西南、华北等地广泛栽培，其中以四川、贵州、湖北栽培最多。

繁殖方式：播种、嫁接繁殖。

主要用途：园林、庭院、行道绿化。

果实

柿 树

Diospyros kaki Thunb.

柿树科　柿属

形态特征：落叶乔木，高可达 15 m。树冠近球形或宽卵形。树皮灰色至暗灰色，方块状深裂。单叶互生，卵状椭圆形或倒卵状椭圆形，先端渐尖或突尖，全缘，革质，上面光亮，背面淡绿色。雌花单生于叶腋，黄色；雄花序为聚伞花序。品种多，浆果扁球形或圆卵形，熟时橙红色或橘黄色。花期 5 ～ 6 月。果熟期 9 ～ 10 月。

生态习性：喜光，耐寒，耐干旱瘠薄，不耐水湿。原产我国华中地区及日本，目前我国辽宁南部至华南地区广泛分布，其中以华北栽培最多。

繁殖方式：嫁接繁殖。

主要用途：园林、庭院绿化，经济林营造。

白蜡树

Fraxinus chinensis
Roxb.

木犀科　白蜡属

别　　名：蜡条，梣，青郎木。

形态特征：落叶乔木，高可达 15 m，多分枝，易萌蘖成丛状。树皮黑褐色，稍龟裂。小枝浅灰色，无毛。奇数羽状复叶；小叶 5～9 枚，常 7 枚，椭圆形或卵状椭圆形，先端渐尖或钝，边缘有疏浅锯齿，上面光滑无毛，下面沿叶脉有短柔毛。雌雄异株。圆锥花序着于当年生枝顶端（此为区别于绒毛白蜡的重要特征）。翅果，倒披针形，成熟后呈黄褐色。花期 4～5 月。果熟期 9～10 月。

生态习性：喜光，对土壤酸碱度要求不严，耐寒，耐水湿，耐瘠薄，抗烟尘。原产于我国，全国南北各地均有栽培，以长江流域最为多见。

繁殖方式：播种、扦插繁殖。

主要用途：园林、四旁绿化。特用经济林营建。

果实

绒毛白蜡

Fraxinus velutina
Torr.

木犀科　白蜡属

别　　名：绒毛梣。

形态特征：落叶乔木，高可达 20 m。树冠圆球形。树皮暗灰色，浅裂。芽棕色，小枝密被短绒毛。奇数羽状复叶，小叶 5～7 枚，对生，椭圆形或卵状披针形，先端急尖，边缘具钝锯齿，两面均被短绒毛，下面尤密。雌雄异株，稀同株。花序侧生于去年生枝上，先开花后展叶。翅果，倒披针形，成熟后呈黄褐色。花期 4～5 月。果熟期 9～10 月。

生态习性：喜光。对气候、土壤要求不严。耐寒，耐干旱，耐水湿，耐盐碱。生长快，少病虫害。对二氧化硫、氯气、氟化氢、烟尘等有较强抗性。原产美国西

南部及墨西哥，20 世纪初济南市最早引进，现我国华北、华东及长江流域广泛栽培，是滨海盐碱地区重要的绿化树种。

东营市一绒毛白蜡群，于 1953 年栽植，2013 年时，该树群中最大的树，高 20 m，胸径 73 cm，冠幅 14 m，生长茂盛，为"黄三角"最早栽植的绒毛白蜡。

繁殖方式：播种、嫁接繁殖。

主要用途：园林、庭院、四旁绿化，防护林营造。

雌花花序

雄花花序

果实

园蜡二号

Fraxinus velutina
'Yuanla 2'

木犀科　白蜡属

形态特征：红桦无性系，雄性。树冠圆满，较绒毛白蜡开枝角度小，树干通直。树皮浅灰褐色，光滑，皮孔圆点状灰白色。奇数羽状复叶，小叶 5 枚。比绒毛白蜡晚落叶 1 个月左右，有些秋季叶片呈金黄色。

生态习性：同绒毛白蜡（见 190 页）。

繁殖方式：以绒毛白蜡作砧木嫁接繁殖。

主要用途：园林、庭院、行道绿化。

秋景

对节白蜡

Fraxinus hupehensis
Chu, Shang et Su

木犀科 白蜡属

别　　名：湖北梣。

形态特征：落叶乔木，高可达 19 m。树皮深灰色，老时纵裂。奇数羽状复叶，小叶 7～11 枚，较小，革质，披针形至卵状披针形。枝、叶对生，节明显，故名"对节白蜡"。

生态习性：喜光，稍耐阴。喜温和湿润气候。萌芽力极强，耐修剪。中国特有种，原产于湖北，生于海拔 600 m 以下的低山丘陵。

繁殖方式：播种、嫁接繁殖。

主要用途：园林绿化，造型、盆景制作。是优良的观赏树种。

连 翘

Forsythia suspense
(Thunb.) Vahl

木犀科　连翘属

别　　名：黄花杆，一串金。

形态特征：落叶灌木。丛生，枝下垂。单叶或 3 出复叶，卵圆形或卵状椭圆形，先端锐尖，边缘具粗锯齿。花先于叶开放，花瓣 4，金黄色，单生或簇生。蒴果卵形，表面散生疣点。花期 3 ～ 4 月。果熟期 8 ～ 9 月。

生态习性：喜光，稍耐阴。耐寒。对土壤要求不严，耐干旱瘠薄，耐轻度盐碱。怕涝。萌蘖力强，抗病虫害能力强。适生于我国东北、华北、华东、华中等广大地区。

繁殖方式：扦插、播种、分株繁殖。

主要用途：园林、庭院、路旁绿化。

春景

紫丁香

Syringa oblata Lindl.

木犀科　丁香属

别　　名：丁香，华北紫丁香。

形态特征：落叶小乔木或灌木，高可达 5 m。单叶对生，阔卵圆形，先端短锐尖，全缘。圆锥花序，花紫色，有香味。蒴果长卵形，顶端尖。花期 4 ～ 5 月。果熟期 9 月。

生态习性：喜光，稍耐阴。耐寒，耐干旱瘠薄，耐轻度盐碱。不耐积水。对二氧化硫、氟化氢等多种有毒气体有较强的吸收能力。原产于我国，东北南部、华北、西北及西南各地广泛栽培。

繁殖方式：播种、扦插、嫁接繁殖。

主要用途：园林、庭院、路旁绿化，是重要的香料植物。

白丁香

Syringa oblata
var. *alba* Hort. ex Rehd

木犀科　丁香属

形态特征：系紫丁香的变种，其基本形态特征与紫丁香相似。特点是：叶形较小；花纯白色，香味浓。

生态习性、繁殖方式、主要用途：同紫丁香（见 194 页）。

暴马丁香

*Syringa reticulata (Blume)*H. Hara var. *amurensis* (Rupr.) J. S.Pringle

木犀科 丁香属

别　　名：暴马子，阿穆尔丁香。

形态特征：落叶小乔木或灌木，高可达 8 m。枝干表皮具白色气孔。单叶对生，圆形至卵圆形，先端突尖或渐尖。圆锥花序大而散，长 10 ～ 27 cm，宽 8 ～ 20 cm，花白色。蒴果矩圆状球形。花期 5 ～ 6 月。果熟期 8 ～ 10 月。

生态习性：喜光，耐寒性强。喜潮湿土壤。我国东北、华北、西北各地均有栽培。

繁殖方式：播种、嫁接繁殖。

主要用途：园林、庭院、路旁绿化。

花序

果实

女贞

Ligustrum lucidum Ait.

木犀科　女贞属

别　　名：大叶女贞，蜡树，高干女贞。

形态特征：常绿或半常绿乔木，高可达 10 m。树冠卵形。树皮灰色，平滑，不裂。单叶对生，卵圆形、椭圆形或卵状披针形，先端渐尖或钝尖，全缘，革质，表面深绿色有光泽。顶生圆锥花序，花白色。核果近球形，熟时蓝灰色，被白粉。花期 6 月。果熟期 10 ~ 11 月。

生态习性：喜光，稍耐阴。喜温暖湿润气候。不耐严寒。耐轻度盐碱。不耐干旱瘠薄。具有滞尘、抗烟能力，能吸收二氧化硫。原产于我国与日本，现广泛分布于华南、西南、华中、华东及华北、西北南部地区。在"黄三角"严冬时叶片易受冻害，甚至脱落。

繁殖方式：播种、扦插繁殖。

主要用途：园林、行道、庭院绿化，作桂花砧木。

果实

花序

小叶女贞 *Ligustrum quihoui* Carr.　木犀科　女贞属

别　　名：小白蜡，小叶冬青。

形态特征：落叶或半常绿灌木或小乔木，高1～3 m。枝条疏散，小枝具短柔毛。单叶对生，椭圆形至倒卵状椭圆形，全缘，薄革质。圆锥花序顶生，花白色，芳香。核果近球形，熟时紫黑色。花期7～8月。果熟期9～10月。

生态习性：喜光，稍耐阴。对土壤要求不严，耐轻度盐碱。不耐严寒。耐干旱。忌涝。对二氧化硫、氯气等有毒气体抗性强。萌蘖力强，耐修剪。适生于我国华北及长江流域。在"黄三角"冬季落叶。

繁殖方式：播种、扦插、压条、分株繁殖。

主要用途：园林、路旁绿化，作绿篱、造型。

造型

花序

果实

金叶女贞

Ligustrum × vicaryi Hort.

木犀科 女贞属

花序　　果实

　　形态特征：系金边卵叶女贞与欧洲女贞的杂交种。落叶或半常绿灌木。叶卵状椭圆形，嫩叶金黄色，后渐变为黄绿色。圆锥花序，花白色。核果近球形，熟时紫黑色。花期6月。果熟期10月。

　　生态习性：喜光，不耐阴。对土壤要求不严，耐干旱。不耐严寒。我国各地广泛栽培。在"黄三角"秋末冬初叶变为紫红色，严冬时落叶。

　　繁殖方式：扦插繁殖。

　　主要用途：园林绿化，绿篱、色块制作。

流苏树

Chionanthus retusus
Lindl. et Paxt.

木犀科　流苏树属

别　　名: 茶叶树, 乌金子, 四月雪, 降龙木。

形态特征: 落叶乔木, 高可达 20 m。树冠扁球形。树皮暗灰褐色, 翘卷裂。单叶对生, 卵圆形至倒卵状椭圆形, 全缘或有小锯齿, 革质, 叶柄基部带紫色。顶生聚伞圆锥花序, 花白色, 花冠 4 深裂, 裂片线状倒披针形。核果近球形, 熟时蓝黑色, 有白粉。花期 4 ~ 5 月。果熟期 9 ~ 10 月。

生态习性: 喜光, 较耐阴。耐寒, 耐干旱瘠薄。不耐积水。我国特产, 华北、华中、华南、西北各地均有栽培。

繁殖方式: 播种、扦插、嫁接繁殖。

主要用途: 园林、路旁绿化, 作桂花砧木。

迎春花

Jasminum nudiflorum
Lindl.

木犀科　素馨属

别　　名：迎春，金腰带，串串金。

形态特征：落叶灌木。枝条细长、松散、开展，上部拱形下垂，稍有四楞。掌状复叶，对生，小叶多为3枚，稀5枚，卵圆形至卵状长圆形，边缘有短刺毛。花先于叶开放，单生，花瓣5～6，黄色，清香；萼片绿色。通常不结果。花期2～4月，故称"迎春花"。

生态习性：喜光，稍耐阴。耐寒。适应性强，不择土壤，耐干旱瘠薄，稍耐盐碱。忌涝。萌蘖性强。适生于我国华北、华中及华东广大地区。

繁殖方式：扦插、压条、分株繁殖。

主要用途：园林、路旁绿化。

探春花 *Jasminum floridum* Bunge

木犀科　素馨属

别　　名：报春花，迎夏。

形态特征：落叶或半常绿蔓性灌木。枝条细长、松散，拱形下垂。掌状复叶，互生，小叶多为3枚，稀5枚，卵状长圆形。聚伞花序顶生，多花，金黄色，花瓣6。浆果绿褐色，近球形。花期5月。果熟期12月。

形态习性：喜光，不耐阴。喜温暖湿润气候，较耐寒。对土壤适应性强。忌涝。我国华北、华中、华东及西南等地广为栽培。

繁殖方式：播种、扦插繁殖。

主要用途：园林、路旁绿化，作绿篱。

茉莉花 *Jasminum sambac* (Linn.) Aiton

木犀科　素馨属

别　　名：茉莉，香魂，木梨花。

形态特征：常绿小灌木。枝条细长，有棱。单叶对生，光亮，宽卵圆形或椭圆形。聚伞花序顶生或腋生，有花3～9朵；花白色，极芳香。

生态习性：喜温暖湿润、通风良好、半阴环境。不耐寒，不耐旱，不耐湿涝。原产于华南地区。

繁殖方式：扦插、压条、分株繁殖。

主要用途：在"黄三角"为盆栽观赏、香化居室；花可熏制茉莉花茶。

蜡　梅

Chimonanthus praecox
(Linn.) Link

蜡梅科　蜡梅属

别　　名：腊梅，干枝梅，黄梅花。

形态特征：落叶灌木或小乔木，高可达 4 m。小枝略呈四棱形。单叶对生，卵状披针形或卵状椭圆形，全缘，表面粗糙。花单生于叶腋，蜡黄色，内侧有紫色条纹或斑块，浓香。瘦果被坛状果托包围，具覆瓦状隆起。花期 11 月至翌年 3 月。果熟期 8 月。

生态习性：喜光，稍耐阴。耐寒，耐旱，忌黏土、盐碱土，忌涝。原产于湖北、陕西等地，现黄河流域及长江流域广为栽培。

繁殖方式：播种、嫁接、压条、扦插繁殖。

主要用途：园林、庭院绿化，盆栽制作。

果实

美女樱

Verbena hybrida Voss

马鞭草科　马鞭草属

别　　名: 草五色梅,美人樱。

形态特征: 多年生草本,常作一年生栽培。株高15～30 cm,丛生,茎四棱,全株有灰色柔毛。叶对生,长卵圆形至披针状三角形,边缘具缺刻状粗齿。穗状花序顶生,但开花部分呈伞房形。花小而密集;花冠漏斗状,先端5裂,裂片先端凹;有白、粉、红、紫、蓝等色,也有复色品种。花期6～9月。

生态习性: 喜温暖湿润气候,喜阳光充足。不耐阴,不耐寒,不耐干旱。对土壤要求不严。原产于美洲,现世界各地广泛栽培。

繁殖方式: 播种、扦插、压条、分株繁殖。

主要用途: 地被绿化。

黄 荆

Vitex negundo
L.

马鞭草科　牡荆属

花序

形态特征：落叶灌木或小乔木，高可达 8 m。小枝四棱形，有灰白柔毛。掌状复叶，具长柄；小叶 5 ～ 7 枚，长圆状披针形至披针形，全缘或有少数锯齿，叶背有白色柔毛。圆锥花序顶生，长约 20 cm，花萼钟状，花冠淡紫色，顶端 5 裂呈 2 唇形，有香气，花期 4 ～ 6 月。果实球形，黑色，果期 7 ～ 10 月。

生态习性：喜阳光充足，亦耐半阴。耐寒，耐干旱瘠薄。萌蘗力强，耐修剪。原产于非洲东南部、亚洲东部，我国南北各地均有分布。

繁殖方式：播种、扦插、分株繁殖。

主要用途：荒山荒滩绿化，园林假山绿化，制作盆景。是良好的蜜源植物。

海州常山

Clerodendrum trichotomum Thunb.

马鞭草科　大青属

果实

花序

别　　名：臭梧桐，臭楸树。

形态特征：落叶灌木或小乔木。树皮灰褐色。嫩枝近四棱形，被白色或黄褐色短柔毛。单叶对生，三角状卵圆形至椭圆形，先端渐尖，全缘或有波状齿。伞房状聚伞花序着生于枝顶或叶腋，花白色或粉红色。核果球形，熟时蓝紫色。整个花序可同时出现红色花萼、白色花冠和蓝紫色果实的丰富色彩。花期 6 ～ 10 月。果熟期 9 ～ 11 月。

生态习性：喜光，稍耐阴。适应性强，耐寒，耐旱，耐盐碱。忌涝。分布于华北、华东、华南及西南等地。

繁殖方式：播种、扦插、分株繁殖。

主要用途：园林、庭院、路旁绿化。

金叶莸

Caryopteris clandonensis 'Worcester Gold'

马鞭草科 莸属

形态特征：落叶小灌木。枝条圆柱形。单叶对生，楔形，长 3 ～ 6 cm，光滑，鹅黄色，边缘有锯齿。聚伞花序，花蓝紫色，高脚蝶状，腋生于枝条上部，自下而上开放。花期 7 ～ 9 月。

生态习性：喜光，耐半阴。耐寒，耐旱，耐热。忌水湿，怕涝。在我国西北、东北、华北、华中地区广泛栽培。

繁殖方式：以播种繁殖为主，亦可嫩枝扦插繁殖。

主要用途：园林、路旁、地被绿化。

蒙古莸

Caryopteris mongholia
Bunge

马鞭草科　莸属

别　　名：蒙莸，白沙蒿。

形态特征：落叶小灌木，常自基部即分枝，高可达 1.5 m。嫩枝紫褐色，圆柱形。单叶对生，厚纸质，线状披针形或长椭圆形，全缘或有稀齿，长 8～40 mm，宽 2～7 mm，表面深绿色，稍被细毛，背面密生灰白色绒毛。聚伞花序腋生，花冠蓝紫色。蒴果椭圆状球形。花期 8～10 月。

生态习性：喜光，耐半阴。耐寒，耐旱，耐热。忌水湿，怕涝。原产于内蒙古等地，现我国西北、东北、华北、华中地区广泛栽培。

繁殖方式：以播种繁殖为主，亦可嫩枝扦插繁殖。

主要用途：园林、路旁、地被绿化。

矮牵牛

Petunia hybrida Vilm.

茄科　碧冬茄属

别　　名：碧冬茄，杂种撞羽朝颜，喇叭花。

形态特征：多年生草本，常作一年生栽培。茎直立或倾卧，全株具粘毛。叶卵圆形，全缘，几无柄。花单生于叶腋及茎顶；花冠漏斗状，先端波状浅裂；品种繁多，单瓣或重瓣；花色有白、粉、桃红、玫瑰红、深红、紫、蓝等色及各种斑纹。

生态习性：喜光，喜温暖。不耐寒。忌积水。原产于南美，现在世界各地广泛栽培。

繁殖方式：播种、扦插繁殖。

主要用途：地被绿化，盆栽观赏。

中宁枸杞

Lycium barbarum L.

茄科　枸杞属

别　　名：宁夏枸杞。

形态特征：落叶灌木。枝条细弱，拱曲下垂，有棱，有棘刺。单叶互生或簇生，卵状披针形或卵状椭圆形，先端渐尖，全缘。花紫色，花冠5裂。浆果卵形或长球形，熟时深红或橘红色。花期5～9月。果熟期9～10月。

生态习性：喜光，稍耐阴。适应性强，耐寒，耐干旱瘠薄，耐盐碱。萌蘖力强。忌黏质土及低湿环境。适生于我国东北南部、华北、西北及其以南广大地区，其中以宁夏栽培最为集中。

繁殖方式：播种、扦插、压条、分株繁殖。

主要用途：庭院绿化，经济林营造；是盐碱地、沙化地绿化的先锋树种；全株入药，尤以果为要。

紫花泡桐

Paulownia tomentosa (Thunb.) Steud.

玄参科　泡桐属

别　　名：毛泡桐。

形态特征：落叶乔木，高可达 15 m。树冠宽卵形或球形。树皮灰褐色，幼时平滑，老则开裂。单叶，广卵圆形，全缘或 3 浅裂，表面被长柔毛。大型圆锥花序顶生，花漏斗状钟形，浅紫白色至蓝紫色，芳香，先于叶开放。蒴果卵形。花期 4 ～ 5月。果熟期 8 ～ 9 月。

生态习性：喜光，不耐阴。耐寒。不耐涝，不耐盐碱。生长快，寿命短。抗空气污染能力强。原产于我国长江流域，现全国各地广泛栽培，其中以黄河流域至长江流域栽培较多。

繁殖方式：根插繁殖。

主要用途：园林、庭院、行道绿化，用材林营造。

花序

果实

蒲包花 *Calceolaria herbeohybrida* Voss 玄参科 蒲包花属

别　　名：荷包花。

形态特征：一年生草本。叶对生，卵圆形或卵状椭圆形，边缘具齿，两面有绒毛。不规则伞形花序顶生，花瓣2唇，上唇小，前伸；下唇膨胀呈荷包状，向下弯曲。花色丰富，有乳白、淡黄、粉、红、紫等色及红、褐色斑点。

生态习性：喜温暖湿润及通风良好的环境。不耐寒，怕高温、高湿。生长适宜温度为7℃～15℃。在我国主要分布于长江以南地区。

繁殖方式：以播种繁殖为主，也可扦插繁殖。

主要用途：在"黄三角"为盆栽观赏。

金鱼草

Antirrhinum majus L.

玄参科　金鱼草属

别　　名：龙口花，龙头花。

形态特征：多年生草本，常作二年生栽培。株高 20 ～ 90 cm，有绒毛。叶披针形至阔披针形，全缘。总状花序顶生，长可达 25 cm。花冠筒状唇形，外被绒毛，基部膨大成囊状，上唇直立，2 裂，下唇 3 裂，开展；有粉、红、紫、黄、白等色，或具复色。花期 5 ～ 7 月。

生态习性：喜光，喜凉爽。耐寒，耐半阴。忌酷热。原产于南欧地中海及北非。

繁殖方式：播种、扦插繁殖。

主要用途：地被绿化，盆栽观赏。

穗花婆婆纳

Veronica spicata L.

玄参科　婆婆纳属

形态特征：多年生草本，株高约45 cm。茎直立，不分枝。叶对生，披针形至卵圆形，边缘具锯齿。总状花序顶生，花蓝色或粉色。花期6～8月。

生态习性：喜光，耐半阴，耐寒，对土壤要求不严。原产于欧洲，在我国北方多有栽培。

繁殖方式：播种繁殖。

主要用途：园林、地被绿化，盆栽观赏。

梓 树

Catalpa ovata
G. Don.

紫葳科 梓属

别　　名：河楸。

形态特征：落叶乔木，高可达 15 m。树冠伞形。树皮灰褐色，浅纵裂。叶广卵圆形或近圆形，通常 3～5 浅裂。圆锥花序顶生，花淡黄色或黄白色，内有黄色条纹和紫色斑纹。蒴果细长，经冬不落。花期 5～6 月。果熟期 8～9 月。

生态习性：喜光，稍耐阴，耐寒，耐水湿，耐轻度盐碱，不耐干旱瘠薄。抗空气污染能力强。适生于我国长江流域及其以北广大地区。

繁殖方式：以播种繁殖为主，也可扦插和根蘖繁殖。

主要用途：园林、庭院、行道绿化。

花序

叶、果实

楸 树

Catalpa bungei
C. A. Mey.

紫葳科　梓属

果实

别　　名：金丝楸。

形态特征：落叶乔木，高可达30 m。枝开度小，树冠紧密，倒卵形。树皮灰褐色，浅纵裂。单叶对生，有时轮生，三角状卵圆形，全缘或基部有 1～4 对尖齿或裂片，先端尾尖。总状花序呈伞房状，3～12 朵花生于枝顶；花冠唇形，淡紫红色，内有紫斑。花期 5 月。蒴果细长，9～10 月成熟。

生态习性：喜光，幼苗稍耐阴。喜温暖气候，不耐严寒。对土壤要求不严，耐轻度盐碱。抗空气污染能力强。适生于我国黄河流域至长江流域。

繁殖方式：播种、根蘖、埋根、嫁接繁殖。

主要用途：园林、庭院、行道绿化。珍贵用材树种（木材坚韧致密，花纹美丽，不翘裂，耐腐力强，是优良的家具用材）。

花序

凌 霄

Campsis grandiflora
(Thunb.) Schum.

紫葳科　凌霄属

别　　名：中国凌霄，紫葳，凌霄花。

形态特征：落叶攀援性藤本，借气生根攀附于他物。树皮灰褐色，细条状纵裂。茎节处有气生根。奇数羽状复叶，小叶 7 ～ 11 枚，多为 9 枚，卵圆形至卵状披针形，先端渐尖，边缘具较整齐的锯齿。圆锥花序顶生，花冠漏斗状，唇形 5 裂，外面橙黄色，内面橙红色。蒴果长如豆荚。花期 7 ～ 8 月。果 10 月成熟。

茎、气生根

花序

果实

生态习性：喜光，稍耐阴。较耐寒。对土壤要求不严，耐轻度盐碱，耐干旱。忌涝。萌蘖性强。原产于我国中部，现全国各地均有栽培。

繁殖方式：以扦插、压条繁殖为主，亦可分株、播种繁殖。

主要用途：是优良的垂直绿化、景观树种，可用于棚架、假山、亭廊、墙垣绿化。

美国凌霄

Campsis radicans
(Linn.) Seem.

紫葳科　凌霄属

别　　名：美洲凌霄。

形态特征：美国凌霄与中国凌霄基本形态特征相似。特点是：小叶多为 11 ～ 13 枚；花序较繁茂紧密，花冠较小。原产于美国。

生态习性、繁殖方式、主要用途：同中国凌霄（见 217 页）。

菜豆树

Radermachera sinica
(Hance) Hemsl.

紫葳科　菜豆树属

别　　名：蛇树，豆角树，幸福树。

形态特征：落叶乔木，在原产地高可达 15 m。树皮浅灰色，纵裂。2 回（稀 3 回）羽状复叶。叶轴长约 30 cm；小叶对生，卵形至卵状披针形，先端长尾尖，全缘，具波状皱。

生态习性：喜高温多湿、阳光充足的环境。耐高温，畏寒冷，忌干燥。原产于我国台湾、广东、海南、广西、贵州、云南等地。

繁殖方式：播种、扦插、压条繁殖。

主要用途：在"黄三角"为盆栽观赏。

接骨木

Sambucus williamsii
Hance

忍冬科　接骨木属

别　　名：接骨丹，公道老。

形态特征：落叶灌木。枝条粗壮，皮孔明显。奇数羽状复叶，小叶 3～7 枚，长椭圆状披针形，先端长渐尖，边缘具锯齿，揉碎后有臭味。顶生圆锥状聚伞花序，花白色至淡黄色。浆果球形，熟时黑紫色或红色。花期 4～5 月。果熟期 6～7 月。

生态习性：性强健，适应能力强。耐寒，耐干旱瘠薄，耐盐碱。根系发达，萌蘖性强。适生地域广，华北、华东、西北及西南各地均可栽培。

繁殖方式：播种、扦插、分株繁殖。

主要用途：园林、庭院、路旁绿化。茎枝入药，能祛风湿、通经络、活血止痛、利尿消肿。

花序

果实

金叶接骨木

Sambucus canadensis var. 'Aurea'

忍冬科　接骨木属

花序

果实

形态特征：金叶接骨木与接骨木基本形态特征相似，特点是：初生叶金黄色，成熟叶黄绿色。

生态习性、繁殖方式、主要用途：同接骨木（见 219 页）。

糯米条

Abelia chinensis R. Br.

忍冬科　六道木属

别　　名：茶条树，六道木。

形态特征：落叶灌木，高可达 2 m。枝开展，幼枝红褐色，被微毛，小枝皮撕裂。叶卵圆形至卵状椭圆形，背面叶脉基部密生白色柔毛。聚伞花序顶生或腋生，花冠漏斗状，裂片 5，白色至粉红色。核果瘦果状。花期 7 ～ 8 月。果熟期 9 月。

花序

生态习性：喜光，喜温暖湿润气候，耐阴性强，耐寒性较差。对土壤适应性强，耐干旱瘠薄。原产于长江以南，现除东北地区外全国各地均有栽培。

繁殖方式：播种、扦插繁殖。

主要用途：园林、林荫路绿化。

猬 实

Kolkwitzia amabilis
Graebn.

忍冬科 猬实属

花序

果实

形态特征：落叶灌木。树干表皮卷裂。叶卵圆形至卵状椭圆形，先端渐尖，边缘疏生浅齿或近全缘，两面疏生柔毛。顶生伞房状聚伞花序，花冠钟形，粉红色至紫色，裂片5。果2个合生（其中1个不发育），密生刚毛，形如刺猬，故名"猬实"。花期5～6月。果熟期8～9月。

树干

生态习性：喜光，稍耐阴，耐寒，耐干旱瘠薄。中国特有种，产于我国中、西部，现全国各地多有栽培。

繁殖方式：播种、扦插、分株繁殖。

主要用途：园林、林荫路绿化。

红花锦带花

Weigela florida
'Red Princess'

忍冬科　锦带花属

别　　名：红王子锦带花。

形态特征：落叶灌木。小枝具 2 行柔毛。单叶对生，椭圆形或卵状椭圆形，先端锐尖，上部边缘有波状锯齿，下部近全缘。聚伞花序，花冠漏斗状钟形，鲜红色。蒴果柱形。花期 5～6 月。果熟期 10 月。

生态习性：喜光，耐半阴。耐寒，耐干旱瘠薄，耐轻度盐碱。忌涝。萌蘖力强。抗空气污染能力强。适生于华北、东北、华东等广大地区。

繁殖方式：扦插、分株、压条繁殖。

主要用途：园林、路旁绿化，作地被、花篱。

金银花

Lonicera japonica Thunb.

忍冬科 忍冬属

花枝

红金银花

别　名：忍冬，双花，金银藤。

形态特征：半常绿蔓生藤本。小枝细长，中空。分枝多，幼枝密生柔毛和纤毛。单叶对生，卵圆形至卵状椭圆形，全缘，两面被柔毛。2 花成对着生于叶腋，花冠长 3～4 cm，先端 2 唇形，初为白色，后变为黄色，故名"金银花"，有香气。浆果球形，熟时黑色。花期每年两次，4～6 月和 7～8 月。果熟期 10～11 月。

生态习性：性喜温暖湿润，亦耐干旱瘠薄，耐水湿，耐盐碱。根系发达，萌蘖性强。原产于中国，我国除黑龙江及华南地区外，其他地区多有栽培，其中山东栽培最为集中。

繁殖方式：播种、扦插、压条繁殖。

主要用途：园林、庭院绿化；盆景制作；花入药，称金银花或双花，有清热解毒之效；茎入药，称忍冬藤，有清热解毒、通经活络之效。

金银木

Lonicera maackii
(Rupr.) Maxim.

忍冬科　忍冬属

别　　名：金银忍冬，马氏忍冬。

形态特征：落叶直立灌木。树皮灰白色或暗灰色，不规则纵裂。小枝中空。单叶对生，卵状椭圆形或卵状披针形，先端渐尖，全缘或浅波状，两面疏生柔毛。花成对，腋生，2 唇形花冠，初为白色，后变为黄色，故名"金银木"，有香气。浆果球形，熟时亮红色。花期 5 月。果熟期 9 ～ 10 月。

生态习性：喜光，耐半阴。耐寒，耐旱。对土壤要求不严，耐轻度盐碱。适生于我国东北、华北、华东、陕西、甘肃至西南等地区。

繁殖方式：播种、扦插、分株繁殖。

主要用途：园林、四旁绿化。

果实

花枝

红花忍冬

Lonicera rupicosa var. *syringantha* (Maxim.) Zabel.

忍冬科 忍冬属

形态特征： 落叶灌木。多分枝，幼枝密生短柔毛。叶对生，卵圆形或长卵圆形。花冠唇形，花筒细长，上唇 4 浅裂，红色。浆果球形，熟时黑色。花期 6 ～ 7 月。果熟期 9 ～ 10 月。

生态习性： 适应性强。对气候、土壤要求不严。耐寒，耐盐碱，耐水湿。萌蘖力强。我国大部分地区多有栽培，其中以河南、山东栽培最多。

繁殖方式： 扦插、压条、播种繁殖。

主要用途： 园林、四旁绿化。

天目琼花

Viburnum opulus Linn. var. *calvescens*

忍冬科 荚蒾属

花序

别　　名：佛头花，春花子，鸡树条荚蒾。

形态特征：落叶灌木。树皮暗灰色，浅纵裂，小枝具明显皮孔。叶广卵圆形至卵圆形，通常 3 裂，裂片边缘具不规则锯齿。聚伞花序，直径为 8 ～ 12 cm，周边为白色不孕花。核果近球形，熟时红色。花期为 5 ～ 6 月。果熟期为 8 ～ 9 月。

生态习性：喜光又耐阴，耐寒。对土壤要求不严。根系发达，移植易成活。原产于亚洲东北部，我国东北、西北、华北、内蒙古至长江流域均有分布。

繁殖方式：播种繁殖。

主要用途：园林、路旁绿化。

果实

木本绣球

Viburnum macrocephalum
Fort.

忍冬科　荚蒾属

别　　名：斗球。

形态特征：落叶灌木，高可达 4 m。树冠呈球形。冬芽裸露，幼枝及叶背密被星状毛。叶卵状椭圆形，长 5 ～ 8 cm，边缘有细齿。花序球形，直径为 15 ～ 20 cm，表面几乎全为白色不孕花。花期 4 ～ 6 月。

生态习性：喜光，稍耐阴，耐寒性不强，对土壤要求不严。

原产于中国，黄河流域及其以南广为栽培。

繁殖方式：扦插、压条、分株繁殖。

主要用途：园林、庭院绿化。

琼 花

Viburnum macrocephalum
f. keteleeri Rehd.

忍冬科　荚蒾属

形态特征：落叶灌木或小乔木，树高 1.5 ～ 3 m。叶卵圆形或卵状椭圆形，长 5 ～ 10 cm，先端钝圆，边缘有细齿，两面均被星状毛。聚伞花序顶生，径 8 ～ 15 cm；中心为可孕花，花淡黄色；周边 8 朵为不孕花，花冠白色，5 裂。花期 4 月。核果，椭圆状卵形，熟时先红色后变为黑色。果熟期 9 ～ 10 月。

生态习性：喜光，稍耐阴。对土壤要求不严。较耐寒。适生于长江流域至黄河流域南部，以长江中、下游栽培最盛。

繁殖方式：播种、扦插、压条繁殖。

主要用途：园林、庭院、路旁绿化。

花序

果实

刚 竹

Phyllostachys sulphurea
(Carr.)A.etC.Riv. cv. Viridis

禾本科 刚竹属

别　　名：台竹。

形态特征：乔木状大型竹，高可达 16 m，胸径可达 10 cm。枝下各节无芽，秆环平，分枝之各节隆起。老竹仅节下有白粉环。箨舌紫绿色，箨叶带状披针形，平直，下垂；每小枝有 2～6 片叶，叶带状披针形，基部有疏毛，

叶鞘口有叶耳和肩毛。笋期 5 月。

生态习性：耐寒性强，能安全渡过 −18℃的低温。适应于深厚、肥沃的土壤。耐干旱瘠薄，稍耐盐碱。原产于中国，长江流域及其以南栽培较多，山东各地有栽培。在"黄三角"严冬时往往叶片失绿，需栽植于背风向阳处。

繁殖方式：带鞭移栽。

主要用途：园林、庭院绿化。重要的编织材料。

淡 竹

Phyllostachys glauca McClure

禾本科　刚竹属

别　　名：粉绿竹。

形态特征：乔木状大型竹，高可达 14 m，胸径可达 10 cm。新秆密被白粉，呈蓝绿色；老秆绿色或灰黄绿色。节下有白粉环。箨叶呈带状披针形，绿色，有紫色细条纹，平直。每小枝有 5～7 片叶，常保留 3 片；叶舌紫褐色。笋期 4 月中旬。

生态习性、繁殖方式、主要用途：同刚竹（见 230 页）。

南美苏铁　　*Zamia furfuracea* Ait.　　泽米铁科　泽米铁属

别　　名：鳞秕泽米铁，阔叶铁树。

形态特征：常绿木本植物，株高 1 ～ 1.2 m。大型偶数羽状复叶集生于茎顶端；小叶长椭圆形，对生，硬革质，边缘具疏生硬刺。雌雄异株，雄花序球状，雌花序掌状。

生态习性：喜光，稍耐寒，在气温 2℃ ～ 3℃低温下仍不落叶。较耐干旱。原产于墨西哥，我国华南、东南及西南地区多有栽培。

繁殖方式：播种、根蘖、埋根繁殖。

主要用途：在"黄三角"为盆栽观赏。

苏　铁

Cycas revolute
Thunb.

苏铁科　苏铁属

果实

雄花花序

雌花花序

别　　名：铁树。

形态特征：常绿小乔木。大型羽状复叶丛生于干顶，羽片多达 100 对以上，条状，坚硬，边缘反卷。雌雄异株，花顶生。雄花花序柱状长卵形，雌花花序半球形，黄色。成熟种子红色，卵形，有毒。

生态习性：喜光，耐半阴。喜温热湿润气候，不耐寒。耐干旱。生长慢，寿命长达 2000 年。原产于我国热带地区，现长江流域及其以南地区广泛栽培。

繁殖方式：播种、根蘖、埋根繁殖。

主要用途：在"黄三角"为盆栽观赏。

兰屿肉桂

Cinnamomum kotoense
Kanehira et Sasaki

樟科 樟属

别　　名：平安树，肉桂。

形态特征：常绿小乔木。树冠卵形。叶对生或近对生，卵圆形或卵状长椭圆形，先端尖，厚革质，3 出叶脉，表面亮绿色，背面灰绿色，全缘。

生态习性：喜温暖湿润、阳光充足的环境。喜光亦耐阴。不耐干旱、积水、严寒和空气干燥。生长适温为 20℃～30℃。产于我国台湾南部（兰屿），现福建、广东、广西及云南等省区广为栽培。

繁殖方式：播种、扦插繁殖。

主要用途：在"黄三角"为盆栽观赏。

松果菊

Echinacea purpurea
Moench.

菊科 松果菊属

别　　名：紫锥花，紫松果菊。

形态特征：多年生草本，株高 60 ~ 150 cm。茎直立，全株具粗毛。叶互生，卵状披针形至卵状三角形。头状花序单生或数朵聚生于茎顶。舌状花瓣宽披针形，略下垂，玫瑰红或淡紫红色，少数白色；管状花橙黄色。花期 6 ~ 7 月。

生态习性：喜温暖向阳，稍耐寒，耐瘠薄。原产于北美。世界各地多有栽培。

繁殖方式：播种、分株繁殖。

主要用途：地被绿化，盆栽观赏。

荷兰菊

Aster novi-belgii L.

菊科　紫菀属

别　　名：柳叶菊。

形态特征：多年生草本。茎丛生，多分枝。叶互生，披针形。头状花序集成伞房状顶生；花径2～3 cm；品种多，有紫、蓝、红、白等色。花期8～10月。

生态习性：适应性强。耐寒，耐干旱瘠薄。喜光，喜排水良好的土壤。全国各地多有栽培。

繁殖方式：播种、扦插、分株繁殖。

主要用途：地被绿化，盆栽观赏。

非洲菊

Gerbera jamesonii
Bolus ex Gard.

菊科 大丁草属

别　　名：扶郎花。

形态特征：多年生草本。全株被细毛。基生叶，长椭圆形至长圆形，羽状浅裂或深裂。头状花序，单生，高出叶面，径 8～12 cm；舌状花橘红色、深红色、粉红色至黄色、白色。栽培品种极多，花色多样。

生态习性：喜冬暖夏凉、阳光充足、空气流通的环境。要求疏松肥沃、排水良好的微酸性沙壤土。原产于南非。

繁殖方式：播种、分株、扦插繁殖。

主要用途：在"黄三角"为盆栽观赏，鲜切花。

黑心金光菊

Rudbeckia hrita L.

菊科 金光菊属

别　　名：黑心菊。

形态特征：一、二年生草本。株高 60 ～ 100 cm。不分枝或上部分枝。全株被粗毛。叶互生，长椭圆形，边缘具锯齿。头状花序，花心凸起，紫褐色，花瓣金黄色。花期 5 ～ 9 月。

生态习性：耐寒，耐旱。适应性强，对土壤要求不严。原产于美国东部地区，我国各地多有栽培。

繁殖方式：播种、分株、扦插繁殖。

主要用途：地被绿化。

宿根天人菊

Gaillardia aristata Pursh.

菊科　天人菊属

别　　名：大天人菊。

形态特征：多年生草本。株高 40 ～ 50 cm。全株被粗毛。叶互生；下部叶长椭圆形或匙形，上部叶披针形至长椭圆形；灰绿色。头状花序；舌状花黄色，基部红紫色；管状花裂片针芒状，红紫色。花期 6 ～ 10 月。

生态习性：耐寒，耐旱，喜阳光充足。要求土壤排水良好。原产于北美洲，我国各地均有栽培。

繁殖方式：播种、分株繁殖。

主要用途：地被绿化，盆栽观赏。

金盏菊

Calendula officinalis L.

菊科 金盏菊属

别　　名：金盏花，常春花，黄金盏。

形态特征：一、二年生草本。株高 30～60 cm，全株具毛。叶互生，长圆形至倒卵圆形，全缘或具不明显锯齿。头状花序单生，径 4～10 cm，花黄色。花期 4～6月。

生态习性：喜凉爽湿润，较耐寒。对土壤要求不严，适应性强。原产于南欧至伊朗，我国各地多有栽培。

繁殖方式：播种繁殖。

主要用途：地被绿化，盆栽观赏。

孔雀草

Tagetes patula L.

菊科　万寿菊属

别　　名: 红黄草，藤菊，小万寿菊。

形态特征: 一年生草本，高 30 ～ 100 cm。茎多分枝，细长，晕紫色。叶对生或互生，有油腺，羽状全裂，裂片线形或披针形，先端尖细芒状。头状花序顶生，有长梗，舌状花黄色，基部有紫斑，管状花先端 5 裂，通常多数转变为舌状花而形成重瓣类型。有单瓣型、重瓣型、鸡冠型等。

生态习性: 喜光，喜温暖。耐旱，忌涝。原产于墨西哥，我国各地多有栽培。

繁殖方式: 播种、扦插繁殖。

主要用途: 园林、庭院、路旁、地被绿化。

万寿菊 Tagetes erecta L.

菊科　万寿菊属

别　　名：臭芙蓉，蜂窝菊。

形态特征：一年生草本。茎光滑而粗壮，绿色或有棕褐色晕。叶对生，羽状全裂，裂片披针形，具尖锯齿。头状花序顶生，舌状花有长爪，边缘常皱曲，花色有鲜黄、橘红、乳白及复色等，花期6～10月。

生态习性：喜温暖、向阳，也耐半阴。对土壤要求不严，适应性强。移植易成活，病虫害少。原产于墨西哥，我国各地多有栽培。

繁殖方式：播种、扦插繁殖。

主要用途：园林、庭院、地被绿化，鲜切花。

波 斯 菊

Cosmos bipinnatus
Cav.

菊科　秋英属

别　　名：大波斯菊，秋英，扫帚梅，格桑花。

形态特征：一年生草本。株高可达 1.5 m，枝开展。叶对生，2 回羽状全裂，裂片线形，稀疏。头状花序，单生于总梗上，舌状花白、粉红、深红等色。花期夏、秋季。

生态习性：喜光，喜温暖。性强健，耐干旱瘠薄。能自播繁衍。原产于墨西哥，我国各地多有栽培。

繁殖方式：播种繁殖。

主要用途：园林、庭院、地被、路旁绿化。

瓜叶菊

Pericallis hybrida B. Nord.

菊科　瓜叶菊属

别　　名：千日莲。

形态特征：多年生草本，通常作一年生栽培。全株密被柔毛。叶大，近圆形，基部呈心形，叶面浓绿，叶背有白毛。头状花序簇生成伞房状，花有红、粉红、白、蓝、紫等色。花期11月至翌年4月。

生态习性：喜凉爽气候。冬忌严寒，夏忌高温。原产于非洲北部，在我国通常在低温温室栽培。

繁殖方式：播种、扦插繁殖。

主要用途：在"黄三角"为盆栽观赏。

剑叶金鸡菊

Coreopsis lanceolata
L.

菊科 金鸡菊属

别　　名：大金鸡菊，线叶金鸡菊。

形态特征：多年生草本，株高 30～70 cm。茎直立，上部有分枝。叶匙形或线状倒披针形。头状花序在茎顶单生，具长梗；舌状花和管状花均为黄色。花期 5～9 月。

生态习性：适应性强。耐寒，耐干旱瘠薄，稍耐阴。对土壤要求不严。对二氧化硫有较强抗性。自繁能力强。原产于北美，我国各地多有栽培。

繁殖方式：播种、分株繁殖。

主要用途：地被、路旁绿化。

菊 花

Dendranthema morifolium Tzvel.

菊科 菊属

别　　名：黄花，节花，秋菊。

形态特征：变种、品种繁多。多年生宿根草本。茎直立，粗壮，多分枝，半木质化，花后地上部枯死，翌年自地下萌芽。单叶互生，卵圆形至长圆形，边缘具缺刻与锯齿。头状花序单生或数朵聚生于茎顶，清香，花色除蓝色与黑色外，其他各色均有；花形因品种不同亦有明显差异。花期 10 ～ 12 月，也有夏季、冬季及四季开花等不同生态型。

生态习性：较耐寒。喜光，喜凉爽，喜湿润肥沃土壤，忌涝。世界各地均有栽培。

繁殖方式：播种、扦插、分株、嫁接繁殖。

主要用途：在"黄三角"多为盆栽观赏，可作鲜切花，地被绿化。

大丽花

Dahlia pinnata Cav.

菊科　大丽花属

别　　名：洋芍药，天竺牡丹，地瓜花。

形态特征：多年生草本，株高 1～1.5 m。有棒状块根。茎直立，多分枝。1～2 回羽状复叶，小叶对生，卵圆形或卵状长圆形，边缘具粗齿。头状花序具长梗；花径可达 25 cm；品种多，有白、黄、粉、橙红、紫等色。

生态习性：喜温暖、阳光充足、干燥凉爽环境，不耐寒。忌高温高湿。原产于墨西哥，我国北方各地广为栽培。

繁殖方式：播种、扦插、分切块根繁殖。

主要用途：园林、庭院、地被绿化，盆栽观赏。

一枝黄花

Solidago Canadensis Lour.

菊科　一枝黄花属

形态特征: 多年生草本,株高1～1.5 m。茎直立,全株具粗毛。单叶互生,狭披针形,表面粗糙。头状花序小,集成聚伞状圆锥花序;花黄色。花期夏、秋季。

生态习性: 性强健,适应性强。耐寒,耐高温,耐干旱瘠薄,不择土壤。我国华东、华中、西南、华南、台湾均有分布。

繁殖方式: 播种、分株繁殖。

主要用途: 园林绿化,鲜切花。为入侵植物,排他性强,应慎重使用。

花序

旱金莲

Tropaeolum majus L.

旱金莲科 旱金莲属

别　　名：金莲花，旱荷花。

形态特征：多年生草本，常作一、二年生栽培。茎细长，半蔓性或倾卧，灰绿色。叶互生，近圆形，叶缘波状，具长柄，绿色。花腋生，梗细长，花瓣5，花色有紫红、橘红、乳黄、乳白及红棕色等。花期7～9月（春播）或2～3月（秋播），在气候适合的条件下可全年开花。

生态习性：喜温暖湿润、阳光充足，畏寒，忌涝。性强健，易栽培。原产于南美洲，我国华北及其以南多有分布。

繁殖方式：播种、扦插繁殖。

主要用途：地被、篱架绿化，盆栽观赏。

鸡冠花

Celosia cristata
L.

苋科　青葙属

别　　名：红鸡冠，鸡头。

形态特征：一年生草本。茎光滑，有棱线或沟。叶互生，卵圆形至线形，变化不一，全缘。穗状花序顶生，肉质，花有白、黄、橙、红和玫瑰紫等色。花期8～10月。

生态习性：喜炎热而空气干燥的环境，不耐寒。生长快，栽植容易。原产于亚洲热带，现世界各地广为栽培。

繁殖方式：播种繁殖。

主要用途：地被绿化，盆栽观赏。

红叶苋

Iresine herbstii
Hook. f.

苋科 血苋属

别　名：血苋，红洋苋。

形态特征：多年生草本，通常作一年生栽培。茎直立，分枝少，茎及叶柄皆为紫红色。叶对生，广卵圆形，先端尖，全缘或具波状齿，紫红色或绿色，叶脉红色、黄色或青铜色，侧脉弧状弯曲。花小，淡褐色。

生态习性：喜温暖湿润，不耐寒，忌湿涝。耐阴，耐干热环境和瘠薄土壤。原产于巴西。

繁殖方式：扦插繁殖。

主要用途：地被绿化。

一串红

Salvia splendens
Ker-Grawler

唇形科　鼠尾草属

别　　名：鼠尾草，爆竹红，墙下红。

形态特征：多年生草本，通常作一年生栽培。茎四棱，光滑，茎节常为紫红色。叶对生，卵圆形，先端渐尖，缘有锯齿。总状花序顶生，花2～6朵轮生，鲜红色。花期8～10月。

生态习性：喜光，喜温暖湿润环境，耐半阴，不耐寒。原产于南美，现世界各地广为栽培。

繁殖方式：播种、扦插繁殖。

主要用途：地被绿化，盆栽观赏。

彩叶草

Coleus blumei Benth.

唇形科 鞘蕊花属

别　　名：锦紫苏，洋子苏。

形态特征：多年生草本，通常作一年生栽培。茎直立，少分枝，茎四棱。叶对生，卵圆形，先端渐尖或尾尖，边缘具齿，常有缺刻，叶面有绿、黄、红、紫等色斑纹。顶生总状花序，花小，淡蓝色或白色，花期8～9月。

生态习性：喜阳光充足、温暖湿润气候，不耐寒，不耐积水。原产于印度尼西亚，现世界各地均有栽培。

繁殖方式：播种、扦插繁殖。

主要用途：地被绿化。

假龙头花 *Physostegia virginiana* Beath.　唇形科　假龙头花属

别　　名：芝麻花，随意草。

形态特征：多年生草本。株高约 1 m，茎直立，丛生，四棱形。叶亮绿色，披针形，先端渐尖，边缘具锐齿。穗状花序顶生，长可达 30 cm；花冠唇形，有白、粉红、淡紫等色。

生态习性：较耐寒，喜深厚、肥沃、疏松且排水良好的沙质壤土。不耐干旱，较耐阴。原产于北美，现我国各地广为栽培。

繁殖方式：播种、分株繁殖。

主要用途：地被、林荫路绿化。

三色堇

Viola tricolor L.　　　　　董菜科　董菜属

别　　名: 蝴蝶花，鬼脸花。

形态特征: 品种繁多。多年生草本，常作二年生栽培。花大，腋生，两侧对称，花瓣5，每花有黄、白、蓝三色或单色，还有纯白、浓黄、紫红、紫堇、青、古铜色等。花期4～6月。

生态习性: 喜凉爽环境和肥沃土壤，略耐半阴。忌炎热，忌涝。原产于欧洲，在我国南北各地普遍栽培。

繁殖方式: 播种繁殖。

主要用途: 地被绿化，盆栽观赏。

羽衣甘蓝

Brassica oleracer var. acephala 'Tricolor'

十字花科 芸薹属

别　　名：叶牡丹，牡丹菜。

形态特征：二年生草本。第一年植株形成莲花状叶片，经冬季，于翌春抽薹、开花。叶大，肥厚，重叠着生在短茎上，被白粉；叶的形态与颜色多变化，有皱或不皱，边缘叶有翠绿、深绿、黄绿色；中心叶有白、淡黄、肉色、紫红色。总状花序顶生，花期4～5月。

生态习性：短日照植物，喜冷凉气候。耐盐碱，耐寒。原产于欧洲，主要分布于温带地区。

繁殖方式：播种繁殖。

主要用途：地被绿化，盆栽观赏。

诸葛菜

Orychophragmus violaceus (L.) O. E. Schulz

十字花科　诸葛菜属

别　名：二月兰。

形态特征：一、二年生草本。高 20～50 cm。基生叶琴状，质薄，羽裂；茎生叶肾圆形或卵圆形。总状花序顶生，花瓣4，蓝紫色或淡堇色。花期3～6月。角果长条形，5～7月成熟。

生态习性：适应性强，耐寒，耐瘠薄，耐干旱。能自播繁衍。我国华东、华北、西北、东北地区广为栽培。

繁殖方式：播种繁殖。

主要用途：地被、路旁绿化。

凤仙花

Impatiens balsamina L.

凤仙花科 凤仙花属

别　　名：桃红，指甲花。

形态特征：一年生草本。高 60～100 cm。茎光滑，浅绿或晕红褐色。叶互生，披针形，边缘具锐齿。花多侧垂，单朵或数朵簇生于上部叶腋；花瓣 5，左右对称，唇瓣有膨大中空向内弯曲的距，旗瓣有圆形凹头，翼瓣宽大 2 裂；花色有粉红、大红、紫、白黄、洒金等。花期 7～10 月。

生态习性：喜光，喜温暖。不耐寒，不耐旱。对土壤要求不严，稍耐盐碱。原产于印度、中国南部、马来西亚，在我国南北各地均有栽培。

繁殖方式：播种繁殖。

主要用途：地被绿化，盆栽观赏。

大花马齿苋

Portulaca grandiflora
Hook.

马齿苋科　马齿苋属

别　　名：半支莲，死不了，太阳花。

形态特征：一年生肉质草本。茎细而圆，平卧或斜生，光滑。叶长椭圆形。茎、叶均肉质。花单生或数朵簇生于枝端；花色多样且鲜艳，有白、粉、黄、红、紫、橙等色；单瓣或重瓣；见阳光开放，早、晚、阴天闭合，故有"太阳花"之名。花期6～10月。

生态习性：喜光，喜温暖，耐干旱瘠薄，不耐寒。不择土壤。原产于南美巴西，我国各地均有栽培。

繁殖方式：播种繁殖。

主要用途：地被绿化，盆栽观赏。

三角梅 *Bougainvillea spectabilis Willd.* 紫茉莉科　叶子花属

别　　名：九重葛，三角花，叶子花。

形态特征：常绿攀援灌木。枝具刺，拱形下垂。单叶对生，卵圆形或卵状披针形，全缘。枝、叶、花均密生柔毛。花顶生，细小，淡黄色，常3朵簇生于3片叶状苞片内。苞片（为主要观赏部位）叶状三角形或卵圆形，有大红色、橙黄色、紫红色、白色、粉色等。

生态习性：喜温暖湿润气候，不耐寒，越冬温度为10℃以上，开花则需15℃以上。

耐干旱瘠薄，不择土壤，忌积水。原产于巴西，现世界各地广为栽培。

繁殖方式：扦插、压条繁殖。

主要用途：在"黄三角"为盆栽观赏。

紫茉莉

Mirabilis jalapa Linn.

紫茉莉科　紫茉莉属

别　　名：草茉莉，胭脂花。

形态特征：多年生草本，常作一年生栽培。株高 50 ～ 100 cm。主茎直立，圆柱形，分枝多，节部膨大。单叶对生，卵圆形或卵状三角形，全缘。花漏斗形，常 3 ～ 6 朵簇生于枝顶，有紫红、红、粉、白、黄等色，或有斑点和条纹；芳香。瘦果球形，具皱纹，黑色。花期 6 ～ 10 月。果熟期 8 ～ 11 月。

生态习性：适应性强。喜温暖，不耐寒，耐半阴，不择土壤。能自播繁衍。原产于美洲，我国各地均有栽培。

繁殖方式：以播种繁殖为主，亦可分株繁殖。

主要用途：园林、庭院、地被绿化。

地 肤

Kochia scoparia (L.) Schrad.

藜科 地肤属

别　　名：扫帚草。

形态特征：一年生草本。高 50 ~ 100 cm，多分枝，株丛密集呈圆球形。叶线形，细密，翠绿色，秋季变成暗红色。花小，腋生，集成稀疏穗状花序。

生态习性：喜光，喜温暖，极耐炎热，耐干旱瘠薄，耐盐碱，不耐寒。原产于欧洲及亚洲中、南部，我国华北及其以南均有栽培。

繁殖方式：播种繁殖。

主要用途：盐碱地园林地被绿化。

夹竹桃

Nerium indicum Mill.

夹竹桃科　夹竹桃属

别　　名：柳叶桃。

形态特征：常绿灌木，高可达5 m。叶窄披针形，3～4枚轮生，长11～15 cm，革质，全缘，边缘反卷。聚伞花序顶生，花白色、玫瑰红色或橙红色；单瓣或重瓣，直径4～5 cm，有微香；几乎全年有花。

生态习性：喜温暖湿润、阳光充足的环境，不耐寒，耐旱力强。对土壤适应性强，耐轻度盐碱。抗烟尘及有毒气体能力强。萌蘖力强。病虫害少，生命力强。原产于印度、伊朗、尼泊尔。我国长江以南各省区广为栽培，在北方各省区需室内越冬。

繁殖方式：压条、扦插繁殖。

主要用途：在"黄三角"为盆栽观赏。

长春花

Catharanthus roseus
(L.) G. Don

夹竹桃科　长春花属

别　　名：五瓣莲，日日草。

形态特征：亚灌木，高达 60 cm，茎四棱形。叶对生，椭圆形，浓绿色，具光泽。聚伞花序腋生或顶生，有花 2～3 朵；花高脚碟状，花瓣 5，有蔷薇红、白、粉红等色。花期春季至深秋。

生态习性：喜高温高湿，耐半阴。忌干热。原产于非洲东部。

繁殖方式：播种、扦插繁殖。

主要用途：地被绿化，盆栽观赏。

蔓长春花

Vinca major
L.

夹竹桃科　蔓长春花属

别　　名：长春蔓。

形态特征：常绿蔓生亚灌木。茎匍匐地面生长，花枝直立，高可达 30 cm。叶对生，椭圆形至卵状椭圆形，先端尖，全缘，上面绿色，下面黄绿色，两面光滑。花单生于叶腋，花冠蓝色，裂片 5。花期 4 ～ 6 月。

生态习性：喜温暖湿润和半阴环境。适应性强，对土壤要求不严。原产于欧洲及西亚地区，在我国主要分布于江苏、浙江、台湾等地区。

繁殖方式：播种、扦插、压条、分株繁殖。

主要用途：园林地被绿化。

枸　骨

Ilex cornuta
Lindl. et Paxt.

冬青科　冬青属

果实

别　　名： 鸟不宿。

形态特征： 常绿灌木或小乔木，高可达3 m。枝密集而开展。单叶互生，在枝上螺旋状排列，硬革质，矩圆形，具尖硬刺齿5枚，边缘向下反卷，表面深绿而光亮。花小，黄绿色。核果球形，径8～12 mm，熟时鲜红色。花期4～5月。果熟期10～11月。

生态习性： 喜光，亦耐半阴。喜温暖湿润气候，不耐寒。适生于我国长江中、下游及其以南地区。在"黄三角"冬季易受冻害，需栽植于背风向阳处。

繁殖方式： 播种、扦插繁殖。

花、叶

主要用途： 园林绿化，绿篱、盆景制作。

罂 粟

Papaver somniferum L.

罂粟科 罂粟属

别　　名：鸦片。

形态特征：一、二年生草本。茎直立，全株被白粉。叶互生，长卵圆形至椭圆形，先端急尖，边缘具不规则粗齿或羽状浅裂。花顶生，具长梗，花瓣近圆形或近扇形，单瓣或重瓣，有白、粉红、紫红等色，绚烂华美。蒴果卵状球形，熟时黄褐色。花期4～6月。果熟期6～8月。

生态习性：喜阳光充足，喜温暖环境。不耐高温，忌高湿。对土壤要求不严。原产地中海东部山区、小亚细亚、埃及、伊朗、土耳其等地。公元7世纪时由波斯地区传入我国。我国《刑法》规定，禁止非法种植。

繁殖方式：种子繁殖。

主要用途：地被绿化，入药。

虞美人

Papaver rhoeas L.

罂粟科　罂粟属

别　　名：丽春花。

形态特征：一年生草本。茎细长，全株被柔毛。叶不整齐羽裂，边缘具锯齿。花单生于茎顶，花瓣近圆形，质薄且具光泽；半重瓣或重瓣；有深红、大红、粉红、白或具不同颜色的边缘。花期春、夏。

生态习性：喜阳光充足，喜温暖环境。不耐高温，忌高湿。对土壤要求不严。原产于北美西部，在我国各地广泛栽培。

繁殖方式：播种繁殖。

主要用途：园林、庭院、地被绿化。

小天蓝绣球

Phlox drummondii
Hook.

花葱科　天蓝绣球属

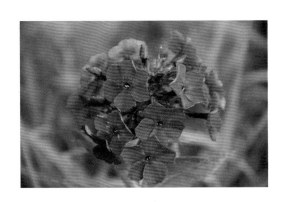 

别　　名：洋梅花，福禄考，桔梗石竹。

形态特征：一年生草本。茎直立，多分枝。叶长椭圆形至披针形，全缘。聚伞花序顶生，花冠高脚碟状，裂片5；花色有蓝、紫、红、粉、白及复色等。

生态习性：喜温暖向阳，稍耐寒，尤喜凉爽环境。怕湿热天气，忌酷暑，忌积水。原产于墨西哥，世界各地多有栽培。

繁殖方式：播种繁殖。

主要用途：地被绿化。

鸢　尾

Iris tectorum
Maxim

鸢尾科　鸢尾属

别　名：蓝蝴蝶，扁竹叶。

形态特征：多年生草本。叶剑形，纸质，淡绿色。花葶稍高于叶丛，总状花序 1～2 枝，每枝有花 2～3 朵；花蝶形；品种多，有蓝、紫、黄、白、淡红等色。蒴果椭圆状球形，有 6 条明显的肋。花期 4～5 月。果熟期 6～8 月。

生态习性：耐半阴，耐干旱。抗寒性强，稍耐盐碱。原产于我国中部，现全国各地均有栽培。

繁殖方式：分株、播种繁殖。

主要用途：地被绿化。

黄菖蒲

Iris pseudacorus
L.

鸢尾科　鸢尾属

别　　名：黄鸢尾，菖蒲鸢尾。

形态特征：多年生草本，株高 60 ～ 80 cm。叶基生，长剑形，淡绿色，中肋明显，横向网状脉清晰。花葶稍高出叶，具 1 ～ 3 分枝，着花 3 ～ 5 朵；花黄色，垂瓣呈长椭圆形，基部有褐色斑纹；旗瓣明显小于垂瓣。花期 5 ～ 6 月。

生态习性：适应性强，不择土壤，耐轻度盐碱，旱地、湿地均可生长良好。喜湿。原产于南欧、西亚及北非等地，我国各地广泛栽培。

繁殖方式：分株、播种繁殖。

主要用途：地被、路旁、水岸绿化。

马 蔺

Iris lactea Pall. var. *chinensis* (Fisch.) Koidz.

鸢尾科　鸢尾属

别　　名：马莲。

形态特征：多年生草本。叶丛生，狭线形。花茎与叶近等高；每茎着花2～3朵；花堇蓝色，中部有黄色条纹。花期5月。

生态习性：性强健，对土壤和水分适应性极强。耐干旱瘠薄，耐盐碱。根系发达，生命力极强。原产于我国东北地区，现我国各地广泛栽培。

繁殖方式：播种、分株繁殖。

主要用途：地被、边坡绿化，是盐碱地绿化的先锋植物。

射 干

Belamcanda chinensis (L.) DC

鸢尾科　射干属

别　　名：扁竹兰。

形态特征：多年生草本。叶剑形，扁平，扇状互生。聚伞状花序顶生，花橙色至橘黄色，花瓣上有暗红色斑点。花期6～8月。

生态习性：耐干旱，耐寒冷。对土壤要求不严，稍耐盐碱。忌涝。原产于中国、日本、印度、越南，我国广泛栽培。

繁殖方式：分株、播种繁殖。

主要用途：庭院、路旁、地被绿化，根状茎入药。

花毛茛   *Ranunculus asiaticus* L.   毛茛科 毛茛属

别　　名：芹菜花，波斯毛茛。

形态特征：多年生草本，高 20 ～ 40 cm。茎单生稀分枝，具毛。基生叶阔卵圆形或椭圆形或 3 出状，边缘有齿，具长柄；茎生叶羽状细裂，无柄。花单朵或数朵顶生，花为重瓣或半重瓣，有黄、红、白、橙、栗等色。花期 4 ～ 5 月。

生态习性：喜光，喜湿润，耐半阴。不耐寒。忌积水。原产于土耳其、叙利亚、伊朗及欧洲东南部，世界各地均有栽培。

繁殖方式：播种、分株繁殖。

主要用途：地被绿化。

芍 药

Paeonia lactiflora
Pall.

毛茛科 芍药属

别　　名：将离。

形态特征：多年生宿根草本，具肉质根。丛生。2 回 3 出羽状复叶，小叶椭圆形至阔披针形。花单生，具长梗，大型；品种繁多，花色多样；单瓣或重瓣；有紫、红、粉红、黄、白等色。

生态习性：耐寒，忌涝。盐碱地及涝洼地不宜栽植。原产于我国北部，现全国分布广泛。

繁殖方式：以分株繁殖为主，也可播种繁殖。

主要用途：园林、庭院绿化，盆栽观赏。

牡 丹

Paeonia suffruticosa Andr.

毛茛科 芍药属

别　　名：木芍药，富贵花。

形态特征：变种、品种繁多。落叶灌木。肉质根，粗脆易折。枝粗壮。2回3出复叶，小叶卵圆形，3～5裂。花大，单生于枝顶，直径10～30 cm，有紫、红、粉红、黄、白、墨紫、豆绿等色；重瓣或半重瓣；多具香气。花期4～5月。果熟期6月。

生态习性：喜光，稍耐阴。喜温凉干燥，畏炎热，忌涝。耐寒。宜疏松肥沃、排水良好的壤土或沙壤土，中性、微碱、微酸性土壤均可生长。寿命长达数百年。童龄期4～5年，花盛期约30年。原产于我国西北，现全国分布广泛。

繁殖方式：以分株繁殖为主，亦可嫁接、播种、扦插、压条繁殖。

主要用途：园林、庭院绿化，盆栽观赏。种实榨油。

四季海棠

Begonia semperflorens
Link et Otto

秋海棠科 秋海棠属

别　　名：常花海棠，瓜子海棠。

形态特征：茎光滑，肉质。叶互生，有光泽，卵圆形，边缘有锯齿及睫毛，有绿、紫红或绿带紫晕等变化。聚伞花序腋生，雌雄同株异花，花色有红、粉红、白等。花期长，可四季开放，故名"四季海棠"。品种繁多，有高种、矮种，单瓣、重瓣，纯花色系，绿叶、紫红叶、深褐色叶等多种类型。

生态习性：喜温暖湿润及半阴环境，不耐寒，不耐旱，忌暴晒，忌高温，忌涝。原产于巴西，现在我国广泛栽培。

繁殖方式：播种、扦插、分株繁殖。

主要用途：在"黄三角"为盆栽观赏。

丽格海棠 *Begonia x elatior* 秋海棠科 秋海棠属

别　　名:
丽佳秋海棠。

形态特征:
多年生草本,通
常作一年生栽培。
植株低矮,株形
丰满。茎干粗壮,
多汁,多分枝,
光滑。单叶互生,
阔卵圆形,有光泽。花形、花色丰富,瑰丽多彩,多为重瓣,花色有红、橙、黄、白等。
没有球根,不结种子。

生态习性:喜温暖湿润、半阴、通风良好的环境。生长适温为 18℃ ～ 22℃,越冬
温度不低于 15℃。适富含腐殖质的肥沃土壤。分布于热带及亚热带地区。

繁殖方式:组培、扦插繁殖。

主要用途:在"黄三角"为盆栽观赏。

天竺葵

Pelargonium hortorum
Bailey

牻牛儿苗科　天竺葵属

别　　名: 洋绣球，洋葵，石蜡红。

形态特征: 多年生草本。高 30～60 cm。幼茎肉质，老茎木质化，多分枝，全株密被细白毛。叶互生，圆形至肾圆形，基部心形，边缘波状浅裂，表面有较明显的暗红色马蹄形斑纹。伞形花序顶生，有长总梗；花色有红、粉、白等。花期夏季或冬季。

生态习性: 适应性强。喜阳光充足、温暖湿润环境，耐旱，怕涝。原产于南非，我国各地均有栽培。

繁殖方式: 播种或扦插繁殖。

主要用途: 在"黄三角"为盆栽观赏。

大岩桐

Sinningia speciosa
(Lodd.) Hiern.

苦苣苔科   大岩桐属

别　　名：六雪尼。

形态特征：多年生草本，株高 15～25 cm。全株密被绒毛。叶对生，质厚，卵圆形至椭圆形，边缘具圆齿，表面绿色，背面绿色或带红色。花 1～3 朵聚生于叶腋；花冠钟形，紫堇色、红色或白色。

生态习性：喜冬季温暖而夏季凉爽的环境，生长适温为 18℃～20℃。原产于巴西热带高原。

繁殖方式：一般用播种繁殖，也可扦插和分割根茎繁殖。

主要用途：在"黄三角"为盆栽观赏。

百合

Lilium brownii
var. *viridulum* Baker

百合科　百合属

形态特征：品种繁多。多年生草本。茎直立。叶披针形至椭圆状披针形。花单生、簇生或呈总状花序；花被片6，基部具蜜腺；有白、粉、橙、橘红、洋红、紫等色，或有赤褐色斑点；花期自春至秋，以夏季最盛。

生态习性：喜肥沃土壤和湿润环境。广泛分布于北温带，尤以东亚与北美为主要分布区。

繁殖方式：播种、麟茎繁殖。

主要用途：园林、庭院绿化，盆栽观赏，鲜切花，有的品种块根可食。

一叶兰

Aspisdistra elatior Blume.

百合科　蜘蛛抱蛋属

别　　名：蜘蛛抱蛋。

形态特征：多年生常绿草本。叶基生，有长柄，挺直，长椭圆状披针形至阔披针形，先端渐尖。

生态习性：喜阴，喜温暖湿润环境，不耐寒，忌干燥和直射光。原产于我国，海南岛和台湾有野生。

繁殖方式：分株繁殖。

主要用途：在"黄三角"为盆栽观赏。

黄花菜

Hemerocallis citrine Baroni

百合科　萱草属

别　　名：金针菜。

形态特征：其基本形态特征与萱草相似（见283页），特点是：花淡黄色，芳香；常夜间开放，次日午闭合；花可食用。

生态习性：耐寒，耐干旱，耐半阴，对土

壤要求不严。我国长江流域、黄河流域广泛栽培。

繁殖方式：分株、播种繁殖。

主要用途：地被绿化，食用。

萱　草

Hemerocallis fulva
(L.) L.

百合科　萱草属

别　　名：忘忧草。

形态特征：种、品种繁多。多年生草本。叶基生，条形，排成两列，长可达 80 cm。花葶粗壮，高约 100 cm；螺旋状聚伞花序，有花 10 数朵；花冠漏斗形，上部开展而反卷；单瓣或复瓣；花色有黄色、橘红色，有的花瓣中部具红褐色色斑。花期夏季。

生态习性：耐寒，耐干旱，耐半阴，对土壤要求不严。原产于我国南部，欧洲南部至日本均有分布。

繁殖方式：分株、播种繁殖。

主要用途：园林、庭院、地被绿化，鲜切花。

玉 簪

Hosta plantaginea (Lam.) Aschers.

百合科 玉簪属

别　　名：玉春棒，白鹤花，玉泡花。

形态特征：多年生草本，株高约 40 cm。叶基生成丛，具长柄，卵圆形，基部心形，具弧状叶脉。顶生总状花序，花葶高出叶片，着花 9 ～ 15 朵；花白色或淡紫色，管状漏斗形；具浓香气。花期 6 ～ 8 月。

生态习性：性强健。耐寒，耐阴。喜阴湿。忌强光。原产于我国和日本。

繁殖方式：以分株繁殖为主，亦可播种繁殖。

主要用途：地被、林荫路绿化。

风信子

Hyacinthus orientalis L.

百合科　风信子属

别　　名：洋水仙，五色水仙。

形态特征：多年生草本。地下具球形鳞茎。叶基生，4～6枚，带状披针形，肥厚，肉质，有光泽。总状花序，花朵密集，有白、粉、红、黄、蓝、堇等色，深浅不一，单瓣或重瓣，芳香。花期4～5月。

生态习性：喜阳光充足、凉爽湿润的环境，耐寒，耐半阴。原产于南欧、地中海东部沿岸及小亚细亚，世界各国多有栽培。

繁殖方式：以分球繁殖为主，亦可播种繁殖。

主要用途：地被绿化，盆栽观赏。

凤尾兰

Yucca gloriosa Linn.

百合科 丝兰属

别　名： 凤尾丝兰，菠萝花。

形态特征： 常绿灌木。叶基部簇生，密集，通常不分枝或分枝很少，革质，剑形，具白粉，顶端尖且坚硬。圆锥花序，花茎高 1～1.5 m，花朵杯状，花瓣 6，乳白色，常带红晕。花期 6～10 月。

生态习性： 适应性强。耐水湿，耐干旱瘠薄，较耐阴，耐寒，耐盐碱。对有毒气体有很强的抗性。原产于北美东部及东南部，我国长江流域和黄河流域普遍栽培。

繁殖方式： 播种、分株、分根繁殖。

主要用途： 园林、路旁、地被绿化。

龙舌兰

Agave Americana
L.

百合科　龙舌兰属

别　　名：龙舌掌，番麻。

形态特征：多年生常绿肉质草本。茎极短。叶丛生，肥厚，匙状披针形，灰绿色，带白粉，先端尖且硬，边缘具钩刺。花序圆锥形，花淡黄绿色。

生态习性：性强健。喜光，不耐阴。稍耐寒。耐旱力强。原产于墨西哥，现在我国主要分布于华南及西南各省区。

繁殖方式：分株繁殖。

主要用途：在"黄三角"为盆栽观赏。

虎尾兰

Sansevieria trifasciata
Prain

百合科　虎尾兰属

别　　名：虎耳兰，千岁兰。

形态特征：多年生常绿草本。无茎。叶簇生，常2～6片成束，硬革质，剑形，直立，两面有浅绿色和深绿色相间的斑纹，稍被白粉。

生态习性：喜温暖，喜光，耐旱。原产于南非西部。

繁殖方式：分株、叶插繁殖。

主要用途：在"黄三角"为盆栽观赏。

芦 荟

Aloe vera var. *chinensis* (Haw.) Berg

百合科　芦荟属

形态特征：多年生肉质多汁草本。茎较短，直立。叶条状披针形，基部较宽，先端渐尖，肥厚多汁，粉绿色，边缘具疏生小齿。花葶高达 90 cm，花淡黄色或有红色斑。

生态习性：性强健。喜光，亦耐半阴，不耐寒。要求温暖而稍干燥的环境，喜肥沃而排水良好的沙壤土。我国南部和各地温室广泛栽培。

繁殖方式：分株、扦插繁殖。

主要用途：在"黄三角"为盆栽观赏。

文 竹

Asparagus setaceus
(Kunth) Jessop

百合科 天门冬属

别　　名：云片竹。

形态特征：多年生草本。茎柔细伸长，略具攀援性。叶枝纤细如羽毛状，水平开展。叶小，刺状鳞片，鲜绿色。

生态习性：喜温暖湿润环境，好半阴。不耐寒，不耐旱。忌强光。原产于南美，在我国主要分布于长江以南地区。

繁殖方式：播种、分株繁殖。

主要用途：在"黄三角"为盆栽观赏。

吊 兰

Chlorophytum comosum (Thenb.) Baker

百合科 吊兰属

别　名：宽叶吊兰。

形态特征：品种多。多年生常绿草本。叶基生，条形，翠绿色。自叶丛中抽出长匍匐茎，茎先端节上常滋生带根的小植株。花茎细长，高出叶面；总状花序，花小，白色，常 2～4 朵簇生。

生态习性：喜温暖湿润气候和半阴环境。较耐旱，不耐寒。要求土壤疏松肥沃、排水良好。

原产于南非，现在世界各地广泛栽培。

繁殖方式：分株繁殖。

主要用途：在"黄三角"为盆栽观赏。

郁金香

Tulipa gesnerana
L.

百合科　郁金香属

别　　名：洋荷花。

形态特征：多年生草本。茎叶光滑，具白粉。叶卵状披针形，基生2～3片，茎生1～2片。花杯状，单生于茎顶；品种繁多，花色丰富，有大红、粉红、桃红、洋红、紫红、橘红、玫瑰红、黄、白、绿、黑等色，也有复色品种。花期3～4月。

生态习性：适应性强。耐寒，耐旱。喜湿润凉爽气候。原产于欧洲，我国引入栽培。

繁殖方式：以分球繁殖为主，亦可播种繁殖。

主要用途：园林、庭院、地被绿化，盆栽观赏。

龙血树

Dracaena angustifolia Roxb.

百合科　龙血树属

别　　名：马骡蔗树，狭叶龙血树。

形态特征：常绿灌木，高可达 4 m。叶无柄，密生于茎顶部，厚纸质，光亮，宽条形，基部宽大抱茎，先端长尾尖。

生态习性：喜高温多湿、阳光充足的环境。不耐寒。原产于非洲和亚洲热带地区，在我国主要分布于云南、广西、海南等省。

繁殖方式：扦插及组织培养繁殖。

主要用途：在"黄三角"为盆栽观赏。

巴西木

Dracaena fragrans

百合科　龙血树属

别　　名：巴西铁树，巴西千年木。

形态特征：常绿乔木。树皮灰褐色或淡褐色。叶浅绿色，阔披针形，有淡黄色条纹。

形态习性：喜高温多湿气候。耐旱，不耐涝。畏寒冷，温度需维持在5℃以上。原产于非洲南部。

繁殖方式：扦插繁殖。

主要用途：在"黄三角"为盆栽观赏。

百合竹　　*Dracaena raflexa*　　百合科　龙血树属

别　　名：短叶竹蕉，富贵竹。

形态特征：常绿灌木或小乔木。叶线形或披针形，先端渐尖，全缘，浓绿，有光泽，松散成簇。

生态习性：喜高温多湿，耐旱，耐半阴。忌强烈阳光直射。对土壤要求不严。生长适温为 20℃～28℃，越冬温度要求 12℃以上。原产于马达加斯加，现作为观叶植物广泛栽培。

繁殖方式：播种、扦插繁殖。

主要用途：在"黄三角"为盆栽观赏。

也门铁　　*Dracaena arborea*　　百合科　龙血树属

形态特征：常绿小乔木，株高 60～120 cm。叶聚生于茎干上部，宽条形，无柄，革质，叶片中央有一金黄色宽条纹，两边绿色，尖稍钝，弯曲呈弓形。

生态习性：喜高温高湿环境。光线充足、荫蔽均可。生长适温为 20℃～30℃，越冬温度在 5℃以上。

繁殖方式：以组培繁殖为主，也可扦插繁殖。

主要用途：在"黄三角"为盆栽观赏。

石 蒜

Lycoris radiate
(L' Her.) Herb.

石蒜科　石蒜属

别　　名：龙爪花，蟑螂花。

形态特征：多年生草本。基生叶线形，5～6片，表面深绿，背面淡绿色。花葶直立，高 30～60 cm，在叶前抽出；伞形花序，有花 2～10 朵；品种多，花色有白色、黄色、鲜红色或具白色边缘；花瓣 6，向后反卷，边缘波状而皱缩。花期 8～9 月。

生态习性：喜光，喜温暖湿润气候，耐阴。原产于中国、日本、越南，在我国主要分布于长江流域至西南地区。

繁殖方式：分株繁殖。

主要用途：地被、林荫路绿化，盆栽观赏。

中国水仙

Narcissus tazetta L. var. *chinensis* Roem

石蒜科　水仙属

形态特征：多年生草本。鳞茎肥大，卵形至广卵状球形，白色。叶带状线形，翠绿色，光亮。花葶高于叶片；伞形花序有花1至数朵；花被6片，平展如盘，白色；副花冠黄色，浅杯状；芳香。

生态习性：喜水，喜温暖湿润、阳光充足的环境。原产于中国，主要分布于我国东南沿海地区。

繁殖方式：分球繁殖。

主要用途：在"黄三角"为盆栽观赏，香化、美化居室。

君子兰

Clivia miniata
Regel

石蒜科　君子兰属

别　　名：大花君子兰。

形态特征：多年生常绿草本。根系粗大，肉质。叶片宽带状，革质，深绿色。伞形花序有花数朵至数 10 朵；花漏斗形，橙红色。浆果，熟时紫红色。

生态习性：喜温暖湿润、半阴环境。要求排水良好、肥沃的土壤。忌盆内积水（盆内积水易患腐烂病）。不耐寒。原产于南非。

繁殖方式：分株繁殖。

主要用途：在"黄三角"为盆栽观赏。

朱顶红

Hippeastrum rutilum
(Ker-Gawl.) Herb.

石蒜科 朱顶红属

别　　名：百枝莲，花胄兰。

形态特征：多年生草本。叶 6 ～ 8 枚，宽带状，略带肉质。花茎自叶丛抽出，粗壮，中空，具白粉；伞形花序，有花 3 ～ 6 朵，花漏斗状，鲜红色或带白色，或有白色条纹，单瓣或复瓣。

生态习性：喜温暖湿润和阳光不过强的环境。原产于巴西。

繁殖方式：以分球繁殖为主，亦可播种繁殖。

主要用途：在"黄三角"为盆栽观赏。

紫露草

Tradescantia reflexa Rafin.

鸭跖草科　鸭跖草属

别　　名：美洲鸭跖草。

形态特征：多年生草本，株高30～50 cm。茎直立，圆柱形。叶线形，淡绿色，稍被白粉，多弯曲，叶面内折。花蓝紫色，簇生于枝顶；单花只开放一天。花期5～7月。

生态习性：性强健。耐寒，耐半阴。不择土壤。原产于北美，我国普遍栽培。

繁殖方式：分株、扦插繁殖。

主要用途：林荫路、地被绿化。

红花酢浆草

Oxalis corymbosa DC.

酢浆草科　酢浆草属

别　　名：三叶草。

形态特征：多年生草本。叶基生，具长柄；掌状复叶，小叶3枚，倒心形。伞形花序顶上，总花梗稍高出叶丛；花粉红色；清晨开放，傍晚闭合。花期5～9月。

生态习性：喜温暖湿润，不耐寒，抗旱能力强。原产于南美巴西，我国各地常见栽培。

繁殖方式：分株、扦插繁殖。

主要用途：庭院、地被绿化。

大花美人蕉

Canna generalis Bailey.

美人蕉科 美人蕉属

别　　名：红艳蕉。

形态特征：多年生草本，株高 1 ～ 1.5 m。叶长椭圆形，长约 60 cm，全缘，有明显的羽状脉。总状花序，花常 2 朵簇生；有乳白、黄、橘红、粉红、大红与鲜黄相嵌、红紫或镶有金边等鲜亮色泽。花期 4 ～ 6 月，9 ～ 10 月。

生态习性：喜光，喜温暖湿润气候，不耐寒。对土壤要求不严。原产于美洲热带，我国各地广为栽培。

繁殖方式：分切根茎繁殖（在"黄三角"，其根茎易受冻害，需入冬前将根茎挖出，窖藏或沙藏越冬，翌年春天种植）。

主要用途：园林、庭院、路旁绿化。

美人蕉

Canna indica L.

美人蕉科 美人蕉属

形态特征：多年生草本，株高 1 ～ 1.5 m。茎叶具白粉。叶互生，长椭圆状披针形或阔椭圆形。花序疏散，花较小，常 2 朵聚生，鲜红色。

生态习性、繁殖方式、主要用途：同大花美人蕉（见 300 页）。

仙客来

Cyclamen persicum Mill.

报春花科　仙客来属

别　　名：兔耳花，萝卜海棠，一品冠。

形态特征：多年生宿根草本。块茎扁球形。叶丛生，近心形，具长柄；表面绿色，有银白色斑纹；叶柄肉质，红褐色。花自叶腋处抽出，单生，花梗细长；花瓣5枚，向外反卷而扭曲；花色有白、粉、绯红、玫红、紫红、大红及复色等。

生态习性：喜温凉、湿润及阳光充足的环境和肥沃、疏松、排水良好的土壤。忌高温。原产于地中海沿岸东南部。

繁殖方式：播种、分割球茎繁殖。

主要用途：在"黄三角"为盆栽观赏。

龟背竹

Monstera deliciosa
Liebm.

天南星科　龟背竹属

别　　名：蓬莱蕉，电线兰。

形态特征：多年生常绿藤本。茎粗壮，有气生根。嫩叶心形，无孔；长大后主脉两侧出现椭圆形穿孔；叶周边羽状分裂，形似龟背（故名"龟背竹"）；深绿色，革质。

生态习性：喜温暖湿润环境，耐阴。忌强光。原产于墨西哥及南美热带。我国自20世纪80年代初引入，现分布广泛。

繁殖方式：扦插繁殖。

主要用途：在"黄三角"为盆栽观赏。

海 芋　　*Alocasia macrorrhiza* (L.) Schott　　天南星科　海芋属

别　　名：滴水观音，观音莲。

形态特征：多年生常绿草本。茎粗壮，高可达 1.5 m。叶大，亮绿色，有光泽，聚生于茎顶，卵圆状戟形，长 15～90 cm。佛焰苞黄绿色。

生态习性：喜温暖湿润和半阴环境，忌强光直射。原产于我国华南、西南及台湾。

繁殖方式：播种、分株繁殖。

主要用途：在"黄三角"为盆栽观赏。

绿 萝　　*Epipremnum aurens* Engler.　　天南星科　麒麟叶属

别　　名：黄金葛。

形态特征：常绿藤本，蔓长可达 10 m。具气生根，可附着于其他物体上。茎节间有小沟。叶卵圆形或椭圆形，具长柄，光亮，浓绿色，有的品种具淡黄色斑块。

生态习性：喜温暖湿润环境，耐阴。忌强光。原产于马来半岛，现在亚洲热带地区广泛栽培。

繁殖方式：扦插繁殖。

主要用途：在"黄三角"为盆栽观赏。

春 羽

Philodendron selloum
C. Koch.

天南星科　喜林芋属

别　　名：春芋，裂叶喜林芋。

形态特征：多年生常绿草本。茎木质状，高可达 1.5 m，有气生根。叶浓绿色，羽状深裂，羽片再次分裂，有明显的平行脉纹。

生态习性：喜温暖潮湿和半阴环境。要求较高的空气湿度。原产于巴西、巴拉圭，在我国南方地区广泛栽培。

繁殖方式：分株、扦插繁殖。

主要用途：在"黄三角"为盆栽观赏。

心叶喜林芋 *Philodendron cordatum* (Vell.) Kunth 天南星科 喜林芋属

别　　名：
圆叶蔓绿绒，心叶喜树蕉。

形态特征：
多年生常绿攀援藤本。叶阔心形，先端尖，光滑，浓绿色。

生态习性：
喜温暖湿润环境，耐阴。忌强光。原产于美洲热带。

繁殖方式：播种、扦插、分株繁殖。

主要用途：在"黄三角"为盆栽观赏。

绿宝石喜林芋

Philodendron erubescens cv. 'Green Emerald'

天南星科　喜林芋属

别　　名：绿宝石，长心形绿蔓绒。

形态特征：多年生常绿攀援藤本。茎有节，有气生根。叶三角状戟形，长 15～35 cm，宽 12～18 cm，基部心形，纸质，绿色，光亮。

生态习性：喜温暖湿润、半阴环境。不耐寒，生长适温为 20℃～28℃，越冬温度为 5℃以上。原产于美洲和亚热带地区。

繁殖方式：扦插繁殖。

主要用途：在"黄三角"为盆栽观赏。

金 钱 树

Zamioculcas zamiifolia

天南星科　雪芋属

别　　名：金币树，雪铁芋，龙凤木。

形态特征：地上部无主茎，不定芽从块茎萌发形成大型且挺拔的羽状复叶；每枚复叶有小叶 6～10 对，在叶轴上呈对生或近对生，卵圆形至长椭圆形，肉质，光亮，浓绿色。

生态习性：喜暖热、略干、半阴环境。较耐干旱，畏寒冷，忌强光。原产于非洲东部。

繁殖方式：分株、扦插繁殖。

主要用途：在"黄三角"为盆栽观赏。

安祖花

Anthurium andraeanum Lind.

天南星科　花烛属

别　　名：花烛，火鹤，红掌，红鹤芋。

形态特征：多年生常绿草本。叶卵圆状戟形，先端尖，全缘，鲜绿色。花梗长40～60 cm；佛焰苞（为主要观赏部位）红色，心形；肉穗花序螺旋状，黄色。品种多，佛焰苞的颜色还有粉红、白色、黑褐色等；有毒。

生态习性：喜温暖湿润环境，喜阴。不耐寒，忌涝。生长适温为 20℃～25℃，越冬温度不低于 15℃。原产于南美洲热带地区，现世界各地广泛栽培。

繁殖方式：分株、播种繁殖。

主要用途：在"黄三角"为盆栽观赏。

马蹄莲

Zantedeschia aethiopica (L.) Spreng.

天南星科 马蹄莲属

别　　名：慈姑花，水芋。

形态特征：多年生草本。叶基生，卵圆形或戟形，先端锐尖，基部截形或心形，全缘，鲜绿色，有光泽。佛焰苞（为主要观赏部位）白色，马蹄状，故名"马蹄莲"。肉穗花序鲜黄色，直立于佛焰苞中央，上部着生雄花，下部着生雌花。品种繁多，佛焰苞颜色还有鲜黄色、、紫红色等。

生态习性：喜温暖湿润、略阴的环境。不耐寒。忌干旱。原产于非洲南部，我国各地多温室栽培。

繁殖方式：以分株繁殖为主，亦可播种繁殖。

主要用途：在"黄三角"为盆栽观赏。

孔雀竹芋　　*Calathea makogana* Morr. Nichols.　　竹芋科　肖竹芋属

别　　名：马克肖竹芋

形态特征：多年生常绿草本，株高约 1 m。叶丛生，卵圆形至长椭圆形，叶面乳白或橄榄绿色，在主脉两侧有大小相对、交互排列的浓绿色长圆形斑块及条纹，形似孔雀尾羽，叶背面紫色，具同样斑纹；叶柄细长，深紫红色。

生态习性：喜温暖、湿润、半阴环境。不耐寒。忌强光。原产于巴西。

繁殖方式：分株繁殖。

主要用途：在"黄三角"为盆栽观赏。

斑叶肖竹芋　　*Calathea zebrine* (Sims) Lindl.　　竹芋科　肖竹芋属

别　　名：绒叶肖竹芋。

形态特征：多年生常绿草本。叶基部丛生，薄革质，椭圆形，具长柄，叶面深绿色，脉纹、中肋与边缘黄绿色，有丝绒光泽，叶背紫红色。

生态习性：喜温暖湿润、半阴环境，适富含腐殖质、排水良好的土壤。不耐寒，忌阳光直射。生长适温为 15℃～21℃。原产于巴西。

繁殖方式：分株繁殖。

主要用途：在"黄三角"为盆栽观赏。

青苹果竹芋

Calathea rotundifolia
cv. Fasciata

竹芋科 肖竹芋属

别　　名：圆叶竹芋。

形态特征：多年生常绿草本。根出叶，丛生状，叶鞘抱茎；叶圆形或近圆形，叶缘波状，先端钝圆，淡绿色或灰绿色，有银灰色条斑。

生态习性：喜高温、高湿、半阴环境。要求较高的空气湿度。不耐寒。忌强光。忌盆土和环境干燥。原产于巴西。

繁殖方式：分株繁殖。

主要用途：在"黄三角"为盆栽观赏。

紫被竹芋

Stromanthe sanguinea
Sond.

竹芋科 卧花竹芋属

别　　名：红背卧花竹芋。

形态特征：多年生常绿草本，株高约 80～100 cm。叶直立，长卵圆形或披针形，长可达 60 cm，厚革质，上面深绿色有光泽，中脉色浅，背面紫红色。

生态习性：喜温暖湿润、半阴环境。不耐寒，生长适温为 20℃～30℃，越冬温度在 5℃以上。忌强光。原产于巴西，现在我国南部各省区有栽培。

繁殖方式：分株繁殖。

主要用途：在"黄三角"为盆栽观赏。

卡特兰　　*Cattleya hybrida*　　兰科　卡特兰属

别　　名：卡特利亚兰，嘉德利亚兰。

形态特征：多年生常绿草本。茎棍棒状，顶端具叶 1 ～ 3 片。叶剑状阔披针形，厚革质，鲜绿色。花单朵或数朵排成总状花序，着生于茎顶；花径 18 ～ 20 cm；花瓣 3 裂，裂片卵圆形，边缘波状；翼瓣粉红色，唇瓣紫色，花喉黄色。

原产于巴西。

生态习性：喜温暖潮湿，忌强光，忌高温，不耐寒。要求土壤疏松、排水良好。

繁殖方式：分株、播种繁殖。

主要用途：在"黄三角"为盆栽观赏。

文心兰　　*Oncidium × hybridum*　　兰科　金蝶兰属

别　　名：金蝶兰，跳舞兰。

形态特征：多年生常绿草本。假鳞茎扁圆柱状，顶端着叶 2 片。叶带状。花梗自假鳞茎顶端抽出，极长，分枝；聚伞状花序；花唇瓣发达，黄色，有红褐色斑点；整个花形似着裙起舞的少女，故名"跳舞兰"。

生态习性：喜温暖潮湿与庇荫环境。不耐高温。忌强光。原产于巴西。

繁殖方式：分株繁殖。

主要用途：在"黄三角"为盆栽观赏。

蝴蝶兰

Phalaenopsis aphrodite
Rchb. F.

兰科 蝴蝶兰属

别　　名：蝶兰。

形态特征：多年生常绿草本。叶丛生，倒卵状长圆形。花葶上伸，呈弓状，长达 1 m。圆锥花序有花 10 多朵；唇瓣末端有一对伸长的卷须；品种多，花色有白、黄、红等色及复色。

生态习性：喜高温多湿、半阴、通风的环境。原产于菲律宾和马来半岛。

繁殖方式：分株、切茎、组织培养繁殖。

主要用途：在"黄三角"为盆栽观赏。

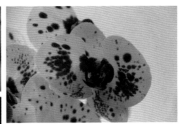

大花蕙兰 *Cymbidium hybridum* 兰科 兰属

别　　名：喜姆比兰，蝉兰。

形态特征：常绿多年生附生草本。叶长披针形。花序较长，着花 10 朵以上。花被片 6，外轮 3 枚为萼片，内轮 3 枚为花瓣，下方的花瓣特化为唇瓣。品种多，花色有白、黄、绿、紫红或带有紫褐色斑纹。

生态习性：冬季喜温暖，夏季喜凉爽。喜强光，喜较高湿度，忌盆内积水。生长适温为 10℃～25℃。原产于我国西南地区。

繁殖方式：播种、分株、组培繁殖。

主要用途：在"黄三角"为盆栽观赏。

星花凤梨

Guzmania Iingulata
(L.) Mez.

凤梨科 星花凤梨属

别　　名：果子蔓。

形态特征：多年生常绿草本。叶片带状，弓形，长 50 ～ 60 cm，宽 3 ～ 4 cm，光滑，亮绿色。穗状花序从叶丛中抽出；苞片（为主要观赏部位）密集，鲜红色；花小，黄色。有的品种苞片为黄色。

生态习性：喜高温高湿、半阴环境，适肥沃、排水良好的土壤。不耐寒。原产于美洲。

繁殖方式：分株、播种繁殖。

主要用途：在"黄三角"为盆栽观赏。

莺哥凤梨

Vriesea carinata Wawra.

凤梨科 莺哥凤梨属

形态特征：多年生常绿草本。株高约 30 cm。叶片带状，长约 20 cm，宽约 5 cm，绿色，中部以下弯垂。穗状花序由叶丛中央抽出，花苞片 2 列排成扁穗状，内为深红色，外围黄色（为其主要观赏部位），形似莺哥鸟的羽毛，十分美丽；花小，黄色，开放时伸出花苞片之外。花期冬春季。

生态习性：喜高温高湿、半阴环境，不耐寒。原产于巴西。

繁殖方式：分株繁殖。

主要用途：在"黄三角"为盆栽观赏。

睡 莲

Nymphaea tetragona
Georgi.

睡莲科 睡莲属

别　　名：子午莲。

形态特征：多年生浮水植物。叶浮于水面，多为圆形，革质，全缘或稍波状，表面绿色，背面紫红色。花单生，浮于水面或挺出水面；花瓣8～17枚，排列数层；有白、黄、粉、红等色；花一般白天开放，黄昏闭合。花期7～8月。有许多品种及变种。

生态习性：喜阳光充足，喜水质清洁。喜水面通风好的静水及肥沃的黏质土壤。原产于亚洲东部，现在我国分布广泛。

繁殖方式：以分株繁殖为主，亦可播种繁殖。

主要用途：水面绿化。

荷 花

Nelumbo nuicifera
Gaerth.

睡莲科 莲属

别　　名：莲荷，莲花，莲藕。

形态特征：多年生水生草本。地下具根状茎（藕），横生，圆柱形，肥厚，有节。叶生于地下茎，叶柄挺出水面，叶片大，盾状圆形，具显著隆起叶脉，蓝绿色。花从地下茎节抽出，单生于花梗顶端，清香；品种多，有红、粉红、淡绿、白、紫、复色和间色等；单瓣或重瓣。果于花中央凸出（莲蓬），有多数蜂窝孔，内有小坚果（莲子）。花期 6～8 月。果熟期 8～9 月。

生态习性：喜温暖，喜阳光充足。耐寒。忌干旱。原产于中国，除西藏、青海外，全国大部分地区都有分布。

繁殖方式：播种、分茎繁殖。

主要用途：绿化水面，食用，入药。

仙人掌

Opuntia stricta (Haw.)Haw. var. *dillenii* (Ker-Gawl.) Benson

仙人掌科　仙人掌属

别　　名：仙人扇，仙桃，月月掌。

形态特征：多年生常绿灌木。茎为椭圆形，绿色，扁平，肥厚肉质，多分枝，有刺丛。花生于茎上，鲜黄色；一般在早晨和傍晚开花。花期6～7月。

生态习性：喜光，耐旱力强。不耐寒。忌湿涝。原产于南美洲及墨西哥，广泛分布于热带和亚热带地区，我国各地均有栽培。

繁殖方式：扦插繁殖。

主要用途：在"黄三角"为盆栽观赏。

量天尺

Hylocereus undatus (Haw.) Britt. et Rose

仙人掌科　量天尺属

别　　名：三角柱，三棱箭。

形态特征：多年生常绿多浆植物。茎多分枝，浓绿色，有光泽，3棱，棱边缘波状，有刺丛；茎分节，每节30～60 cm。花冠漏斗形，外瓣黄绿色，内瓣白色，夜晚开放。

生态习性：喜温暖湿润环境，耐半阴。原产于墨西哥南部和西印度群岛。

繁殖方式：扦插繁殖。

主要用途：在"黄三角"为盆栽观赏。

金 琥

Echinocactus grusonii Rose

仙人掌科　金琥属

别　　名：象牙球。

形态特征：多年生多肉植物。植株单生，圆球形，球径可达 60 cm。球体具 21～37 个棱，棱上有排列整齐的金黄色硬刺，刺稍弯；顶部密生金黄色茸毛，质硬。花钟状，金黄色。花期 4～11 月。

生态习性：喜光照充足、通风良好的环境。不耐寒。耐旱。忌湿涝。原产于墨西哥。

繁殖方式：播种、子球扦插、嫁接繁殖。

主要用途：在"黄三角"为盆栽观赏。

山 影 拳

Cereus Validus f. menstrose

仙人掌科　天轮柱属

别　　名：仙人山，山影。

形态特征：植株芽上的生长锥分生不规则，整个植株肋棱错乱，参差不齐，呈岩石状，形似山石盆景。变态茎颜色浅绿至深绿，密布刺座。

生态习性：耐干旱，耐半阴，忌湿涝。原产于南美阿根廷、巴西、乌拉圭一带。

繁殖方式：扦插繁殖。

主要用途：在"黄三角"为盆栽观赏。

昙 花

Epiphyllum oxypetalum
(DC.) Haw.

仙人掌科　昙花属

形态特征：灌木状多浆植物，高可达 3 m。茎基部圆柱状，此为与令箭荷花主要区别之一；茎枝肉质，扁平，呈叶片状，边缘具波状圆齿，无刺，浓绿。花大型，径约 20 cm，漏斗状，白、黄、红色，清香；花被筒长于花被片，此为与令箭荷花主要区别之二；夜间开花，开花时间短促，谓之"昙花一现"。花期 6～9 月。有的品种花为红色。

生态习性：喜温暖湿润环境。耐旱。忌强光暴晒。不耐寒，生长适温为 15℃～25℃，越冬温度为 5℃以上。原产于墨西哥、巴西及加勒比海沿岸。

繁殖方式：扦插繁殖。

主要用途：在"黄三角"为盆栽观赏。

令箭荷花

Nopalxochia ackermannii Kunth

仙人掌科　令箭荷花属

形态特征：灌木状多浆植物，高可达 1 m。茎扁平，多分枝，枝呈披针形至线状披针形，基部细圆叶柄状，边缘具波状偏斜圆齿，全株鲜绿；嫩枝边缘为紫红色；花单生，漏斗形，直径 15～20 cm，玫瑰红色，也有粉、红、紫、黄、白等色。花期 4～6 月。

生态习性：喜阳光充足、温暖、多湿环境。

耐干旱。耐半阴。不耐寒，生长适温为 20℃～25℃，越冬温度为 5℃以上。原产于墨西哥热带地区。

繁殖方式：扦插繁殖。

主要用途：在"黄三角"为盆栽观赏。

蟹爪兰

Zygocachus truncatus   仙人掌科 蟹爪兰属

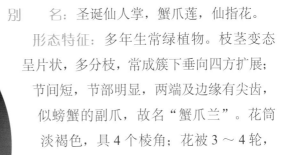

别　　名：圣诞仙人掌，蟹爪莲，仙指花。

形态特征：多年生常绿植物。枝茎变态呈片状，多分枝，常成簇下垂向四方扩展；节间短，节部明显，两端及边缘有尖齿，似螃蟹的副爪，故名"蟹爪兰"。花筒淡褐色，具4个棱角；花被3～4轮，呈塔状叠生；花瓣反卷。品种不同，花色有桃红、深红、白、橙、黄等。

生态习性：喜温暖湿润和半阴环境。不耐寒。原产于巴西东部。

繁殖方式：扦插、嫁接（可用仙人掌类植物作砧木）繁殖。

主要用途：在"黄三角"为盆栽观赏。

棕 竹 *Rhapis excelsa* (Thunb.) Henry ex Rehd. 棕榈科 棕竹属

别　　名：观音竹。

形态特征：常绿丛生灌木，高可达 3 m。茎圆柱形，有节，被网状纤维质叶鞘所包裹。叶掌状深裂，裂片 3 ～ 10 片，披针形，先端咬切状，边缘及中脉有锯齿。

生态习性：喜温暖湿润气候，喜阳光充足和肥沃、疏松及排水良好的土壤。亦耐阴。不耐寒。原产于我国南部至西南部，现世界各地广为栽培。

繁殖方式：播种、分株繁殖。

主要用途：在"黄三角"为盆栽观赏。

散 尾 葵 *Chrysalidocarpus lutescens* H. Wendl. 棕榈科 散尾葵属

形态特征：常绿丛生灌木，高可达 5 m。茎丛生，常被白粉。叶长 1 ～ 2 m，扩展，拱形；叶羽状全裂，羽片 40 ～ 60 对，线状披针形，在叶中轴上排成 2 列。

生态习性：喜温暖潮湿气候，耐寒性不强，较耐阴。喜肥沃、疏松及排水良好的土壤。原产于马达加斯加。

繁殖方式：播种、分株繁殖。

主要用途：在"黄三角"为盆栽观赏。

鹅掌柴

Schefflera octophylla
(Lour.) Harms

五加科　鹅掌柴属

别　　名：鸭脚木，鸭母树。

形态特征：常绿乔木或灌木，高可达 15 m。掌状复叶；小叶 5～9 枚，椭圆形或倒卵状椭圆形，全缘，革质，有的具黄斑。

生态习性：喜温暖湿润及半阴环境。产于我国福建、台湾、广东、广西等地及日本。

繁殖方式：播种繁殖。

主要用途：在"黄三角"为盆栽观赏。

昆士兰伞木

Schefflera macorostachya

五加科　鹅掌柴属

别　　名：澳洲鸭脚木，大叶伞，伞树。

形态特征：茎秆直立，少分枝，嫩枝绿色，后呈褐色，平滑。掌状复叶，小叶数随树木的年龄而异，幼年时 3～5 片，长大时 5～7 片，至乔木状时可多达 16 片。小叶椭圆形，先端钝，有短突尖，边缘波状，革质，浓绿色，有光泽；叶柄红褐色，长 5～10 cm。

生态习性：喜温暖湿润、通风和明亮光照。忌强光直射。原产于澳大利亚。

繁殖方式：播种繁殖。

主要用途：在"黄三角"为盆栽观赏。

石 竹

Dianthus chinensis L.

石竹科 石竹属

别　名：中国石竹，洛阳花，常夏。

形态特征：多年生草本，常作二年生栽培。株高 20 ～ 40 cm。茎直立，有节，多分枝。因其茎具节，膨大似竹，故名"石竹"。单叶对生，条形或线状披针形，先端渐尖，灰绿色。花单朵或数朵簇生于茎顶，

形成聚伞花序；品种多，花色有紫红、大红、粉红、红、纯白、杂色等，单瓣 5 枚或重瓣，花瓣先端锯齿状，微具香气。花期 4 ～ 10 月，盛花期 4 ～ 5 月。

生态习性：喜阳光充足、干燥、通风及凉爽环境。耐寒，耐干旱。不耐酷暑。忌水涝。原产于我国北方，分布广泛。

繁殖方式：播种、扦插、分株繁殖。

主要用途：庭院、地被绿化。

瓜　栗　　*Pachira macrocarpa*　　木棉科　瓜栗属

别　　名：发财树，鹅掌钱。

形态特征：常绿乔木，高可达 15 m。树干灰绿色。掌状复叶，小叶 7 ～ 11 枚，长圆形至倒卵圆形，翠绿色。枝条多轮生。

生态习性：喜高温高湿气候。耐半阴。耐寒性差，生长适温为 20℃～ 30℃，越冬温度为 5℃以上。较耐水湿，稍耐旱。原产于墨西哥。

繁殖方式：播种、扦插繁殖。

主要用途：在"黄三角"为盆栽观赏。

变叶木　　*Codiaeum variegatum* (L.) A. Juss.　　大戟科　变叶木属

别　　名：洒金榕，变色月桂。

形态特征：常绿灌木或小乔木，高可达 2 m。单叶互生，厚革质，叶形、叶色多变。叶形有线形、披针形、长圆形、椭圆形、卵圆形等；颜色有绿色、紫红色、紫红与黄色相间、散生黄色斑纹或斑点等。

生态习性：喜温暖湿润和阳光充足的环境。不耐旱，不耐寒。生长适温为 20℃～ 30℃，越冬温度不低于 13℃。原产于印度尼西亚，我国南部各地常见栽培。

繁殖方式：播种、扦插、压条繁殖。

主要用途：在"黄三角"为盆栽观赏。

一品红 *Euphorbia pulcherrima* Willd.et kl.

大戟科　大戟属

别　　名：圣诞花。

形态特征：落叶灌木。单叶互生，叶卵状椭圆形至披针形，有时呈琴形，叶背有毛，顶叶较窄，全缘或波状浅裂。花序顶生，花黄色，有鲜红色的苞片（变态叶，为主要观赏部位）。

生态习性：喜温暖、阳光充足，喜湿润、肥沃土壤。忌涝。忌干旱。原产于墨西哥及中美洲。

繁殖方式：扦插繁殖。

主要用途：地被绿化，盆栽观赏。

虎刺梅

Euphorbia milii
Ch. des Moulins

大戟科　大戟属

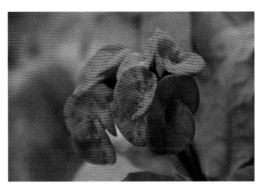

别　　名：铁海棠，麒麟刺，麒麟花。

形态特征：多刺灌木。多分枝。茎和小枝有棱，密被锥形尖刺；刺3～5列排列于棱脊上。叶互生，常密集着生于新枝顶端，倒卵圆形或匙状长圆形，先端圆，具小尖头，基部渐狭，全缘，叶面光滑，鲜绿色。花红色。

生态习性：喜温暖湿润和阳光充足的环境，稍耐阴，耐高温，耐干旱，不耐寒。原产于非洲马达加斯加岛。

繁殖方式：扦插繁殖。

主要用途：在"黄三角"为盆栽观赏。

非洲茉莉　　　　*Fagraea ceilanica*　　　　马钱科　灰莉属

别　　名：华灰莉木。

形态特征：常绿灌木。叶对生，广卵圆形至长椭圆形，先端突尖，厚革质，全缘，表面暗绿色，光亮。

生态习性：喜温暖、高湿、通风良好、阳光充足的环境。不耐寒，生

长适温为18℃～32℃，越冬温度为3℃以上。萌蘖力强，耐修剪。原产于我国南部及东南亚。

繁殖方式：扦插、分株、压条繁殖。

主要用途：在"黄三角"为盆栽观赏。

大叶醉鱼草

Buddleja davidii Franch.

马钱科　醉鱼草属

别　　名：紫花醉鱼草。

形态特征：落叶灌木，高 1～5 m。小枝外展而下弯，略呈四棱形。全株被白色星状短绒毛。叶对生，狭卵圆形至卵状披针形，边缘具细锯齿，有 2 枚披针形或半圆形托叶。花密生，淡紫色。花序为多数小聚伞花序集成之穗状圆锥花序。花期 6～9 月。

生态习性：喜温暖，喜干燥、排水良好之地，忌涝。耐寒，耐干旱瘠薄。耐修剪，萌芽力强。在我国主要分布于长江流域。

繁殖方式：播种、扦插繁殖。

主要用途：园林、路旁绿化。

白花醉鱼草

Buddleja asiatica Lour.

马钱科　醉鱼草属

别　　名：驳骨丹。

形态特征：落叶灌木。枝纤细拱曲，丛生，小枝圆。叶对生，披针形。顶生圆锥花序，花白色，筒状，裂片 4 。

生态习性：适应性强。耐寒，耐旱，耐半阴。耐修剪。忌水涝。原产于我国西北及西南地区。

繁殖方式：播种繁殖。

主要用途：园林、林荫路绿化。

八宝景天

Sedum spectabile Boreau.

景天科 景天属

别　　名：华丽景天。

形态特征：多年生草本。株高 30～70 cm，茎直立，簇生，不分枝。叶肉质，长圆形至卵状长圆形，对生，少 3 叶轮生，边缘具波状浅锯齿，几无柄。伞房状聚伞花序，径约 10 cm；花小，密集，桃红色。花期 8～9 月。

生态习性：适应性强。喜光，耐寒，耐干旱瘠薄。忌涝。在我国分布广泛，日本、朝鲜、俄罗斯亦有分布。

繁殖方式：扦插繁殖。

主要用途：园林、地被绿化。

费 菜

Sedum aizoon L.

景天科　景天属

别　　名：景天，土三七。

形态特征：多年生草本。高 20 ～ 50 cm。茎直立，不分枝。叶互生，肥厚，肉质，广卵圆形、披针形至狭倒披针形，几无柄，边缘具不规则锯齿或近全缘，光滑。聚伞花序顶生，花瓣 5，黄色。

生态习性：喜阳光充足、湿润凉爽环境，耐干旱，耐寒，稍耐阴。原产于日本，在我国广泛栽培。

繁殖方式：扦插、分株繁殖。

主要用途：园林、地被绿化。

石莲花

Sinocrassula indica
(Decne.) Berger

景天科 石莲花属

别　　名：莲花掌。

形态特征：肉质无茎多年生草本。叶倒卵圆形，蓝灰色，肥厚多汁；叶丛聚生呈莲座状。总状聚伞花序，有花 5～15 朵，花瓣 5，外面粉红色或红色，里面黄色。初夏开花。

生态习性：喜阳光充足、空气流通的环境。耐半阴，耐干旱贫瘠，忌涝。不耐寒，越冬温度不低于 10℃。原产于墨西哥。

繁殖方式：播种、扦插繁殖。

主要用途：在"黄三角"为盆栽观赏。

长寿花　　*Kalanchoe blossfeldiana* 'Tom Thumb'　　景天科　伽蓝菜属

别　　名：寿星花，圣诞伽蓝菜，矮生伽蓝菜。

形态特征：多年生肉质草本植物。茎直立，株高 10 ～ 30 cm。叶肉质，交互对生，长圆形，上半部具圆齿或呈波状，下半部全缘，深绿色，有光泽，边缘略带红晕。圆锥状聚伞花序，直立，单株有花序 6 ～ 7 个，着花 80 ～ 290 朵；花小，高脚碟状，花色有绯红、白、桃红、紫红、橘红等。

生态习性：喜温暖湿润和阳光充足的环境，亦耐阴。较耐干旱，对土壤要求不严。不耐寒，生长适温为 15℃ ～ 25℃，越冬温度不低于 5℃。原产于非洲马达加斯加岛。

繁殖方式：扦插繁殖。

主要用途：在"黄三角"为盆栽观赏。

燕子掌

Crassula argentea Thunb.

景天科　青锁龙属

别　　名：玉树。

形态特征：多浆灌木。茎粗壮。叶肥厚，肉质，对生，倒卵圆形，绿色。圆锥花序，花淡粉红色或白色。

生态习性：喜阳光充足、空气流通的环境。耐半阴，耐干旱，忌涝。不耐寒，越冬温度不低于5℃。原产于南非。

繁殖方式：扦插繁殖。

主要用途：在"黄三角"为盆栽观赏。

鸟巢蕨

Asplenium nidus

铁角蕨科　巢蕨属

别　　名：巢蕨，山苏花。

形态特征：多年生阴生草本。叶簇生，阔披针形，长可达98 cm，先端渐尖，中部最宽，向下逐渐变狭，边缘有皱，有光泽，浅绿色；主脉两面均隆起，暗棕色。

生态习性：喜高温、湿润环境，不耐强光，不耐寒。原产于亚洲南部、澳大利亚东部和非洲东部。

繁殖方式：用孢子播种和分株繁殖。

主要用途：在"黄三角"为盆栽观赏。

黄河三角洲常见树木花卉中文名称（含别名）拼音检索表

参 考 文 献

[1] 山东树木志编写组 . 山东树木志 [M]. 济南：山东科学技术出版社，1984

[2] 赵世伟，张佐双 . 中国园林植物彩色应用图谱 [M]. 北京：中国城市出版社，2004

[3] 龙雅宜 . 园林植物栽培手册 [M]. 北京：中国林业出版社，2003

[4] 郭成源，等 . 园林设计树种手册 [M]. 北京：中国建筑工业出版社，2006

[5] 马新江 . 滨海盐碱区园林景观营建与养护手册 [M]. 青岛：中国石油大学出版社，2010

[6] 王明荣 . 中国北方园林树木 [M]. 上海：上海科学技术出版社，2004

[7] 赵大勇 . 东营主要林木种质资源鉴赏图鉴 [M]. 青岛：中国石油大学出版社，2014

[8] 东营古树名木编辑委员会 . 东营古树名木 . 青岛：中国石油大学出版社，2012

[9] 何礼华，汤书福 . 常用园林植物彩色图鉴 [M]. 杭州：浙江大学出版社，2012

[10] 中国植物志编撰委员会 . 中国植物志 [M]. 北京：中国林业出版社，2004

[11] 山东省林业厅 . 齐鲁古树名木 [M]. 济南：山东美术出版社，2012